U0202087

中国工程院　国家开发银行重大咨询项目

中国海洋工程与科技发展战略研究

海陆关联卷

主　编　管华诗

海洋出版社

2014年·北京

内 容 简 介

中国工程院“中国海洋工程与科技发展战略研究”重大咨询项目研究成果形成了海洋工程与科技发展战略系列研究丛书，包括综合研究卷、海洋探测与装备卷、海洋运载卷、海洋能源卷、海洋生物资源卷、海洋环境与生态卷和海陆关联卷，共七卷。本书是海陆关联卷，分为两部分：第一部分是海陆关联工程与科技领域的综合研究成果，包括国家战略需求、国内发展现状、国际发展现状与趋势、主要差距和问题、发展战略和任务、保障措施和政策建议、推进发展的重大建议等；第二部分是海陆关联工程与科技4个专业领域的发展战略和对策建议研究，包括沿海产业涉海工程区划、海陆联运物流工程、海岛开发与保护、沿海重大工程防灾减灾等。

本书对海洋工程与科技相关的各级政府部门具有重要参考价值，同时可供科技界、教育界、企业界及社会公众等作参考。

图书在版编目（CIP）数据

中国海洋工程与科技发展战略研究．海陆关联卷/管华诗主编．—北京：海洋出版社，2014.12

ISBN 978-7-5027-9030-1

Ⅰ.①中…　Ⅱ.①管…　Ⅲ.①海洋工程-科技发展-发展战略-研究-中国
Ⅳ.①P75

中国版本图书馆CIP数据核字（2014）第295232号

责任编辑：方　菁
责任印制：赵麟苏
海洋出版社　出版发行
http://www.oceanpress.com.cn
北京市海淀区大慧寺路8号　邮编：100081
北京画中画印刷有限公司印刷　新华书店北京发行所经销
2014年12月第1版　2014年12月第1次印刷
开本：787mm×1092mm　1/16　印张：16.75
字数：280千字　定价：80.00元
发行部：62132549　邮购部：68038093　总编室：62114335

编 辑 委 员 会

中国海洋工程与科技发展战略研究
项目组主要成员

顾　问	宋　健	第九届全国政协副主席，中国工程院原院长、院士
	徐匡迪	第十届全国政协副主席，中国工程院原院长、院士
	周　济	中国工程院院长、院士
组　长	潘云鹤	中国工程院常务副院长、院士
副组长	唐启升	中国科协副主席，中国水产科学研究院黄海水产研究所，中国工程院院士，项目常务副组长，综合研究组和生物资源课题组组长
	金翔龙	国家海洋局第二海洋研究所，中国工程院院士，海洋探测课题组组长
	吴有生	中国船舶重工集团公司第702研究所，中国工程院院士，海洋运载课题组组长
	周守为	中国海洋石油总公司，中国工程院院士，海洋能源课题组组长
	孟　伟	中国环境科学研究院，中国工程院院士，海洋环境课题组组长
	管华诗	中国海洋大学，中国工程院院士，海陆关联课题组组长
	白玉良	中国工程院秘书长
成　员	沈国舫	中国工程院原副院长、院士，项目综合组顾问

丁　健　中国科学院上海药物研究所，中国工程院院士，生物资源课题组副组长

丁德文　国家海洋局第一海洋研究所，中国工程院院士

马伟明　海军工程大学，中国工程院院士

王文兴　中国环境科学研究院，中国工程院院士

卢耀如　中国地质科学院，中国工程院院士，海陆关联课题组副组长

石玉林　中国科学院地理科学与资源研究所，中国工程院院士

冯士筰　中国海洋大学，中国科学院院士

刘鸿亮　中国环境科学研究院，中国工程院院士

孙铁珩　中国科学院应用生态研究所，中国工程院院士

林浩然　中山大学，中国工程院院士

麦康森　中国海洋大学，中国工程院院士，生物资源课题组副组长

李德仁　武汉大学，中国工程院院士

李廷栋　中国地质科学院，中国科学院院士

金东寒　中国船舶重工集团公司第 711 研究所，中国工程院院士，海洋运载课题组副组长

罗平亚　西南石油大学，中国工程院院士，海洋能源课题组副组长

杨胜利　中国科学院上海生物工程中心，中国工程院院士

赵法箴　中国水产科学研究院黄海水产研究所，中国工程院院士

张炳炎　中国船舶工业集团公司第 708 研究所，中国工程院院士

张福绥　中国科学院海洋研究所，中国工程院院士

封锡盛　中国科学院沈阳自动化研究所，中国工程院院士
宫先仪　中国船舶重工集团公司第715研究所，中国工程院院士
钟　掘　中南大学，中国工程院院士
闻雪友　中国船舶重工集团公司第703研究所，中国工程院院士
徐　洵　国家海洋局第三海洋研究所，中国工程院院士
徐玉如　哈尔滨工程大学，中国工程院院士
徐德民　西北工业大学，中国工程院院士
高从堦　国家海洋局杭州水处理技术研究开发中心，中国工程院院士
顾心怿　胜利石油管理局钻井工艺研究院，中国工程院院士
侯保荣　中国科学院海洋研究所，中国工程院院士
袁业立　国家海洋局第一海洋研究所，中国工程院院士
曾恒一　中国海洋石油总公司，中国工程院院士，海洋运载课题组副组长和海洋能源课题组副组长
谢世楞　中交第一航务工程勘察设计院，中国工程院院士，海陆关联课题组副组长
雷霁霖　中国水产科学研究院黄海水产研究所，中国工程院院士
潘德炉　国家海洋局第二海洋研究所，中国工程院院士
刘保华　国家深海基地管理中心，研究员，海洋探测课题组副组长
陶春辉　国家海洋局第二海洋研究所，研究员，海洋探测课题组副组长
刘少军　中南大学，教授，海洋探测课题组副组长

李杰人　中华人民共和国渔业船舶检验局局长，生物资源课题组副组长

于志刚　中国海洋大学校长，教授，海洋环境课题组副组长

马德毅　国家海洋局第一海洋研究所所长，研究员，海洋环境课题组副组长

王振海　中国工程院一局副局长，海陆关联课题组副组长

项目办公室

主　任　阮宝君　中国工程院二局副局长

安耀辉　中国工程院三局副局长

成　员　张　松　中国工程院办公厅院办

潘　刚　中国工程院二局农业学部办公室

刘　玮　中国工程院一局综合处

黄　琳　中国工程院一局咨询工作办公室

郑召霞　中国工程院二局农业学部办公室

位　鑫　中国工程院二局农业学部办公室

中国海洋工程与科技发展战略研究
海陆关联工程课题组主要成员及执笔人

组　长　管华诗　中国海洋大学　中国工程院院士

副组长　卢耀如　中国地质科学院　中国工程院院士

谢世楞　中交第一航务工程勘察设计院　中国工程院院士

王振海　中国工程院一局副局长

成　员　沈国舫　中国工程院　中国工程院院士

石玉林　中国科学院地理科学与资源研究所　中国工程院院士

袁业立　国家海洋局第一海洋研究所　中国工程院院士

李廷栋　中国地质科学院　中国科学院院士

顾心怿　胜利石油管理局　中国工程院院士

侯保荣　中国科学院海洋研究所　中国工程院院士

高从堦　国家海洋局杭州水处理技术研究开发中心　中国工程院院士

王曙光　国家海洋局原局长、中国海洋发展研究中心主任

施　平　中国科学院南海海洋研究所　研究员

李华军　中国海洋大学　教授

宋军继　山东省住房和城乡建设厅　厅长

余云州　广东省发展和改革委员会　副主任

张善坤　浙江省海洋经济工作办公室　专职副主任

刘守全　国土资源部青岛海洋地质研究所原所长
　　　　研究员
刘德辅　中国海洋大学　教授
刘洪滨　中国海洋大学　教授
刘曙光　中国海洋大学　教授
韩立民　中国海洋大学　教授
郭佩芳　中国海洋大学　教授
潘克厚　中国海洋大学　教授
谢　健　国家海洋局南海海洋工程勘察与环境研究院
　　　　教授级高工
王小波　国家海洋局第二海洋研究所　研究员
史宏达　中国海洋大学　教授
余锡平　清华大学　教授
陈明义　第十一届全国政协港澳台侨委员会副主任
杨金森　国家海洋局海洋发展战略研究所原副所长
　　　　研究员
刘容子　国家海洋局海洋发展战略研究所　研究员
王　斌　国家海洋局北海分局副局长
宋文鹏　国家海洋局北海环境监测中心副主任
李大海　中国海洋大学　博士后

主要执笔人　管华诗　李大海　韩立民　潘克厚　刘曙光
　　　　　　李华军　刘洪滨　施　平　刘　康　孙　杨

丛书序言

海洋是宝贵的“国土”资源，蕴藏着丰富的生物资源、油气资源、矿产资源、动力资源、化学资源和旅游资源等，是人类生存和发展的战略空间和物质基础。海洋也是人类生存环境的重要支持系统，影响地球环境的变化。海洋生态系统的供给功能、调节功能、支持功能和文化功能具有不可估量的价值。进入21世纪，党和国家高度重视海洋的发展及其对中国可持续发展的战略意义。中共中央总书记、国家主席、中央军委主席习近平同志指出，海洋在国家经济发展格局和对外开放中的作用更加重要，在维护国家主权、安全、发展利益中的地位更加突出，在国家生态文明建设中的角色更加显著，在国际政治、经济、军事、科技竞争中的战略地位也明显上升。因此，海洋工程与科技的发展受到广泛关注。

2011年7月，中国工程院在反复酝酿和准备的基础上，按照时任国务院总理温家宝的要求，启动了“中国海洋工程与科技发展战略研究”重大咨询项目。项目设立综合研究组和6个课题组：海洋探测与装备工程发展战略研究组、海洋运载工程发展战略研究组、海洋能源工程发展战略研究组、海洋生物资源工程发展战略研究组、海洋环境与生态工程发展战略研究组和海陆关联工程发展战略研究组。第九届全国政协副主席宋健院士、第十届全国政协副主席徐匡迪院士、中国工程院院长周济院士担任项目顾问，中国工程院常务副院长潘云鹤院士担任项目组长，45位院士、300多位多学科多部门的一线专家教授、企业工程技术人员和政府管理者参与研讨。经过两年多的紧张工作，如期完成项目和课题各项研究任务，取得多项具有重要影响的重大成果。

项目在各课题研究的基础上，对海洋工程与科技的国内发展现状、主要差距和问题、国家战略需求、国际发展趋势和启示等方面进行了系统、综合的研究，形成了一些基本认识：一是海洋工程与科技成为推动我国海洋经济持续发展的重要因素，海洋探测、海洋运载、海洋能源、海洋生物资源、海洋环境和海陆关联等重要工程技术领域呈现快速发展的局面；二是海洋6个重要工程技术领域50个关键技术方向差距雷达图分析表明，我国海洋工程与科技整体水平落后于发达国家10年左右，差距主要体现在关键技术的现代化水平和产业化程度上；三是为了实现“建设海洋强国”宏伟目标，国家从开发海洋资源、发展海洋产业、建设海洋文明和维护海洋权益等多个方面对海洋工程与科技发展有了更加迫切的需求；四是在全球科技进入新一轮的密集创新时代，海洋工程与科技向着大科学、高技术方向发展，呈现出绿色化、集成化、智能化、深远化的发展趋势，主要的国际启示是：强化全民海洋意识、强化海洋科技创新、推进海洋高技术的产业化、加强资源和环境保护、加强海洋综合管理。

基于上述基本认识，项目提出了中国海洋工程与科技发展战略思路，包括“陆海统筹、超前部署、创新驱动、生态文明、军民融合”的发展原则，“认知海洋、使用海洋、保护海洋、管理海洋”的发展方向和“构建创新驱动的海洋工程技术体系，全面推进现代海洋产业发展进程”的发展路线；项目提出了“以建设海洋工程技术强国为核心，支撑现代海洋产业快速发展”的总体目标和“2020年进入海洋工程与科技创新国家行列，2030年实现海洋工程技术强国建设基本目标”的阶段目标。项目提出了“四大战略任务”：一是加快发展深远海及大洋的观测与探测的设施装备与技术，提高“知海”的能力与水平；二是加快发展海洋和极地资源开发工程装备与技术，提高“用海”的能力与水平；三是统筹协调陆海经济与生态文明建设，提高“护海”的能力与水平；四是以全球视野积极规划海洋事业的发展，提高“管海”的能力与水平。为了实现上述目标和任务，项目明确提出“建设海洋强国，科技必须先行，必须首先建设海洋工程技术强国”。为此，国家应加大海洋工程技术发展力度，建议近期实施加快发展“两大计划”：海洋工程科技创新重大专项，即选择海洋工程科技发展的关键方向，设置海洋工程科技重大专项，动员和组织全国优势力量，突破一批具有重大支撑和引领作用的海洋工程前沿技术和关键技术，实现创新驱动发展，抢占国际竞争的制高点；现代海洋产业发展推进计划，即在推进海洋工程科技创新重大专项的同时，实施现代海洋产业发展推进计划（包括海洋生物产业、海洋能源及矿产产业、海水综合利用产业、海洋装备制造与工程产业、海洋物流产业和海洋旅游产业），推动海洋经济向质量效益型转变，提高海洋产业对经济增长的贡献率，使海洋产业成为国民经济的支柱产业。

项目在实施过程中，边研究边咨询，及时向党中央和国务院提交了6项建议，包括“大力发展海洋工程与科技，全面推进海洋强国战略实施的建议”、“把海洋渔业提升为战略产业和加快推进渔业装备升级更新的建议”、“实施海洋大开发战略，构建国家经济社会可持续发展新格局”、“南极磷虾资源规模化开发的建议”、“南海深水油气勘探开发的建议”、“深海空间站重大工程的建议”等。这些建议获得高度重视，被采纳和实施，如渔业装备升级更新的建议，在2013年初已使相关领域和产业得到国家近百亿元的支持，国务院还先后颁发了《国务院关于促进海洋渔业持续健康发展的若干意见》文件，召开了全国现代渔业建设工作电视电话会议。刘延东副总理称该建议是中国工程院500多个咨询项目中4个最具代表性的重大成果之一。另外，项目还边研究边服务，注重咨询研究与区域发展相结合，先后在舟山、青岛、广州和海口等地召开“中国海洋工程与科技发展研讨暨区域海洋发展战略咨询会”，为浙江、山东、广东、海南等省海洋经济发展建言献策。事实上，这种服务于区域发展的咨询活动，也推动了项目自身研究的深入发展。

在上述战略咨询研究的基础上，项目组和各课题组进一步凝练研究成果，编撰形成了《中国海洋工程与科技发展战略研究》系列丛书，包括综合研究卷、海洋探测与装备卷、海洋运载卷、海洋能源卷、海洋生物资源卷、海洋环境与生态卷和海陆关联卷，共7卷。无疑，海洋工程与科技发展战略研究系列丛书的产生是众多院士和几百名多学科多部门专家教授、企业工程技术人员及政府管理者辛勤劳动和共同努力的结果，在此向他们表示衷心的感谢，还需要特别向项目的顾问们表示由衷的感谢和敬意，他们高度重视项目研究，宋健和徐匡迪二位老院长直接参与项目的调研，在重大建议提出和定位上发挥关键作用，周济院长先后4次在各省市举办的研讨会上讲话，指导项目深入发展。

希望本丛书的出版，对推动海洋强国建设，对加快海洋工程技术强国建设，对实现“海洋经济向质量效益型转变，海洋开发方式向循环利用型转变，海洋科技向创新引领型转变，海洋维权向统筹兼顾型转变”发挥重要作用，希望对关注我国海洋工程与科技发展的各界人士具有重要参考价值。

编辑委员会

2014年4月

本卷前言

海陆关联工程是海洋开发与保护的重要手段。海陆关联工程是人类基于陆地经济、社会、文化、军事发展，开发海洋资源、利用海洋空间、防御海洋灾害、保护海洋环境而实施的重大涉海工程项目，主要包括围填海、人工岛、海堤、港口、跨海桥梁、海底隧道等大型工程，是人类陆地与海洋活动联系与互动的桥梁和纽带。通过海陆关联工程，人类活动从陆地延伸到海洋，由近海延伸到远海，使海洋成为人类活动的重要舞台。

我国正处在海洋事业加快发展的重要战略机遇期，海洋在国民经济、社会发展和国家安全中的作用日益凸现。党的十八大报告提出："提高海洋资源开发能力，发展海洋经济，保护海洋生态环境，坚决维护国家海洋权益，建设海洋强国。"2013 年 7 月，习近平总书记在主持中共中央政治局第八次集体学习时强调："建设海洋强国是中国特色社会主义事业的重要组成部分。""要进一步关心海洋、认识海洋、经略海洋，推动我国海洋强国建设不断取得新成就。"按照海洋强国战略总体要求，科学规划和加快建设海陆关联工程，不仅是我国陆海统筹发展的重要举措，也是提高国家对海洋开发、控制和综合管理能力的现实需求。

2011 年，中国工程院启动了"中国海洋工程与科技发展战略研究"重大咨询项目。"海陆关联工程与科技发展战略研究"成为项目研究领域之一。根据项目总体要求和本领域实际，课题设立了"沿海产业涉海工程区划研究"、"海陆联运物流工程发展战略研究"、"海岛开发与保护工程发展战略研究"、"沿海重大工程防灾减灾发展战略研究"4 个子课题，成立了综合发展战略研究组。经过 3 年的努力，课题在全面分析我国海陆关联工程未来需求和发展现状的基础上，借鉴国际海陆关联工程发展的经验教训，提出了我国海陆关联工程发展的战略定位、目标和主要任务，结合海洋强国战略要求提出了有关重大工程和科技专项建议。4 个子课题在各自领域内也进行了比较充分的研究，形成了有价值的成果。课题组将有关研究成果梳理汇集，形成了本卷内容。

本卷包括综合报告和4个专题报告。报告根据党中央提出的建设海洋强国的战略目标，按照未来一段时期我国国民经济和社会发展对海洋事业发展的客观需求，结合国际海洋开发与保护经验，通过分析研究我国海陆关联工程的发展目标、发展原则与发展重点，提出了科学发展海陆关联工程的对策建议。衷心希望能够为促进陆海统筹战略实施和海洋强国建设提供决策参考。

研究过程中，得到了中国工程院、项目办公室的指导和支持。多位中国科学院、中国工程院院士参与了课题咨询。中国海洋大学、中国科学院烟台海岸带研究所、中国科学院南海海洋研究所、国家海洋局北海分局、国家海洋局第一海洋研究所、国家海洋局第二海洋研究所、国家海洋局第三海洋研究所、国家海洋局海洋发展战略研究所、国家海洋局南海海洋工程勘察与环境研究院、国土资源部青岛海洋地质研究所、胜利石油管理局、清华大学、南开大学、天津大学、厦门大学、中山大学、河海大学、华东师范大学、辽宁师范大学、宁波大学、广东海洋大学、中国海洋发展研究中心，以及山东、浙江、广东、辽宁、福建、海南等沿海省发展和改革部门，均对本课题提供了大力支持，在此一并致谢！

本研究跨度大、涉及学科领域多。受研究条件和水平的限制，难免存在薄弱环节和疏漏之处。我们真诚希望有关专家、广大读者提出宝贵意见，促进本领域研究不断完善。海陆关联工程与科技研究是一项长期工作，本报告仅能作为阶段性研究成果接受实践检验。下一步，我们将继续关注国内外海陆关联工程与科技的发展，发现新问题，分析新情况，从理论和实践两个方面进行长期研究，力争为海洋强国建设做出新贡献。

海陆关联工程发展战略研究课题组

2014 年 4 月

目 录

第一部分 中国海陆关联工程发展战略研究综合报告

第二部分 中国海陆关联工程发展战略研究专业领域报告

第一部分
中国海陆关联工程发展战略研究综合报告

引　言

根据对“工程”内涵[①]的不同理解王连成（2002），海陆关联工程是指在建设和运行中同时涉及陆域和海域、发挥显著作用或影响的重大活动（广义）或工程项目（狭义）。本报告中提及的海陆关联工程主要限于狭义的海陆关联工程。

海陆关联工程是人类开发利用海洋资源，治理保护海洋环境，实现经济活动、社会活动、文化活动和军事活动从陆地向海洋延伸的重要手段。海陆关联工程横跨海、陆两大地理系统，其建设和运行需兼顾海陆双重影响，一般具有建设周期长、要素投入大、技术要求高、项目综合性强和产业关联度高等特点。

海陆关联工程的内涵包含3层涵义：①海陆关联工程泛指一类重大土木构筑项目，包括项目的新建、改建、扩建等；②海陆关联工程一般跨越海陆边界，但也可能仅仅位于海域或陆域的一侧；③海陆关联工程的建设和运行同时涉及海域和陆域，对海陆环境均具有显著的作用和影响。

海陆关联工程的外延较为宽泛，涉及的具体工程类型较多，主要包括围填海、人工岛、海堤、港口、跨海桥梁、海底隧道等重大工程，以及海洋油气平台、海洋能电站、风电场、核电站、海洋盐业设施、海洋渔业设施、滨海旅游设施、海水淡化设施、海水综合利用设施、排海水（污）设施等工程项目。

基于不同的研究视角，海陆关联工程的分类方法有多种。按照项目功能可分为海洋空间开发利用工程、海洋资源开发利用与保护工程、海上交通运输工程、海洋防灾减灾工程等；按照项目空间位置可分为陆域工程、

① “工程”一词有广义和狭义之分。就狭义而言，工程定义为“以某组设想的目标为依据，应用有关的科学知识和技术手段，通过一群人有组织的活动将某个（或某些）现有实体（自然的或人造的）转化为具有预期使用价值的人造产品过程”。就广义而言，工程则定义为由一群人为达到某种目的，在一个较长时间周期内进行协作活动的过程。

海陆交界工程、海域工程等；按照项目相关人类活动的属性可分为经济工程、社会工程、文化工程、军事工程、资源环境保护工程等。本报告采用按照项目功能进行分类的方法。

（1）海洋空间开发利用工程。海洋空间开发利用工程包括以空间直接利用为目的的围填海工程、人工岛等，以海岛及周边海域开发和保护为主要功能的海岛开发与保护工程项目，以及以海洋（底）存储为目的的工程项目。

（2）海洋资源开发利用与保护工程。按照海洋资源开发利用与保护的形式划分，海洋资源开发利用与保护工程可分为海洋渔业工程、滨海旅游工程、海洋油气工程、海洋矿业工程、海洋可再生能源工程、海洋盐业工程、海水综合利用工程、海洋资源恢复工程等。

（3）海上交通运输工程。海上交通运输工程是指与海上交通运输有关的海陆关联工程，包括港口、跨海大桥、海底隧道、海底管线等工程项目。

（4）海洋防灾减灾工程。海洋防灾减灾工程是指以抵御海洋灾害，避免或减轻灾害破坏为主要功能的海陆关联工程项目，包括海堤、海洋（滨海）重大工程项目海洋灾害防御设施等。

专栏1-1-1　海陆关联、海陆联动与陆海统筹

海洋与陆地之间相互联系，互相影响，存在着广泛的物质能量交换关系。伴随着人类物质文明的发展，陆海之间的资源互补性、经济互动性、环境联系性进一步增强。海洋的大规模开发与保护离不开陆域经济的支持，陆域人口、资源、环境问题的解决也要依托海洋的支撑。在对海洋与陆地关系认识不断深化的过程中，先后出现了海陆关联、海陆联动与陆海统筹（海陆统筹）等概念范畴。

海陆关联，是指海洋与陆地之间在自然和人文领域广泛发生的联系和影响。海陆关联是一种客观存在，其内涵十分丰富，包括海陆物理关联、海陆经济关联、海陆环境关联、海陆文化关联等。海陆关联反映了海洋与陆地之间普遍联系的规律与特点。

人类在从陆地向海洋进军的过程中，总结和实践了海陆联动的实践原则与方法。海陆联动，是指在涉海经济、环境、社会、管理等各类实践中，根据海洋与陆地普遍联系的特点，注重从海洋和陆地两个方面联合行动，形成合力，提高涉海实践活动的效率与效益。海陆联动反映了人类涉海活动的实践特点。

在对海陆关联客观规律认识持续深化、对海陆联动实践经验不断积累的过程中，按照科学发展观“统筹兼顾”的方法论原则，逐渐形成了陆海统筹（海陆统筹）思想。陆海统筹（海陆统筹）是指根据海、陆两个地理单元的内在联系，运用系统论和协同论的思想，在区域社会经济发展的过程中，综合考虑海、陆资源环境特点，系统考察海、陆的经济功能、生态功能和社会功能，在海、陆资源环境生态系统的承载力、社会经济系统的活力和潜力的基础上，统一筹划中国海洋与沿海陆域两大系统的资源利用、经济发展、环境保护、生态安全和区域政策，通过统一规划、联动开发、产业组接和综合管理，把海陆地理、社会、经济、文化、生态系统整合为一个统一整体，实现区域科学发展、和谐发展。陆海统筹的战略思想涵盖了其战略性、系统性、综合性的特征，具有地理学、地缘政治学、区域海洋经济学等多重性质，其内涵丰富而复杂。

陆海统筹战略思想的提出和形成可延溯到20世纪90年代，具有代表性的思想是“海陆一体化”。海陆一体化是90年代初编制全国海洋开发保护规划时提出的一个原则，较为系统的研究体现在海洋经济地理学领域。陆海统筹概念经历了从海陆一体化到海陆统筹，再发展为陆海统筹的演变过程。

第一章　我国海陆关联工程与科技的战略需求

纵观历史发展，海陆关联工程的发展贯穿了人类文明的进步史。从传统的渔盐之利、舟楫之便，到现代海洋产业的兴起，任何一项海洋开发与保护活动，都建立在海陆关联工程的基础上。特别是近年来，随着全球性海洋开发浪潮的兴起，海陆关联工程在海洋资源开发、海洋环境保护、海洋权益维护等多个领域扮演着更加重要的角色，在政治、经济、军事等方面的战略价值日益凸显。

当前，我国正处于现代化建设关键时期，经济发展对海洋资源（包括岸线和近岸空间）需求巨大，对外贸易对海洋运输深度依赖，海洋安全形势日趋严峻。基于上述背景，客观上对加快发展海陆关联工程提出了新的更高的要求。未来数十年，我国现代化建设对海陆关联工程的需求主要集中在以下几个方面。

一、增强深海远洋开发能力的需求

深海远洋开发能力是检验一国海洋实力的重要标志，也是我国海洋强国战略的重要发展方向之一。我国是一个资源相对稀缺、经济对外依赖度较高的发展中大国，面对国际深海大洋资源开采、关键海域航道通航安全、海外权益维护任务日趋繁重等崭新课题，加快启动深海远洋基地建设的重要性正在不断增强。

国际深海大洋中蕴藏着丰富的海洋生物、矿产和化学资源。深海经济生物资源、生物产物资源，海底多金属结核、富钴结壳、热液矿藏、可燃冰等新型矿产资源，有望在未来世界资源、能源供给中扮演重要角色，成为人类经济社会持续发展的基础保障。近年来，全球性海洋（深海、极地）资源开发竞争加剧，随着我国深海、极地资源开发力度不断加大，对综合性海洋基地的战略性需求与日俱增。

远洋运输重要性日益提升。我国国际贸易货物运输总量的90%通过海上运输完成，商船队航迹遍布世界1 200多个港口。出口商品中的电器及电子产品、机械设备、服装3个最大类别的运输主要依靠海运。一些重要海洋水道对于我国经济社会发展影响巨大。以石油运输为例，近10年来，我国石油供需矛盾日益突出，对外依存度从21世纪初的32%上升至57%。而我国石油进口绝大部分依靠海运，进口量的80%经过马六甲海峡，38%经过霍尔木兹海峡。可以预见，一直到21世纪中叶，北印度洋、北太平洋、南海等区域的重要水道将长期在我国运输通道体系中占据重要地位。

随着我国综合国力的增强和海外权益维护需求的加大，控制重要航道和海洋资源区、为深海大洋和极地科研和开发活动提供服务保障的需求不断提升。面向深海大洋和境外重要利益区建立海洋基地，将成为“增强我国海洋能力拓展”的重要手段。

二、有效维护管辖海域权益的需求

我国依法管辖的海洋专属经济区和大陆架面积广阔，但在黄海、东海和南海都存在与周边国家的海域主权争端，海洋权益维护任务十分艰巨。海岛作为人类进军海洋、实施海洋开发与保护的基地，在现行国际海洋法框架内，对于国家海洋权益维护意义重大。一些重要岛屿在领海基线划定、专属经济区确定等方面地位突出，其归属已经成为权益维护的焦点。只有开发保护好这些岛屿，才能为巩固国家海洋权益、开发海洋资源创造条件。

海岛开发与保护必须遵循海岛的固有属性。很多海岛战略地位重要，资源丰富，具有很高的开发价值，但地理位置相对隔离，自然生态系统脆弱，易受人类开发活动和自然灾害的影响。多数海岛基础设施薄弱，特别是远离大陆的岛屿，基础设施不足往往成为其开发与保护的最大制约因素。完善海岛基础设施建设，强化科技支撑，实施以资源开发和空间利用为主的海岛综合开发工程，积极开展生态保护与修复，保持海岛及周边海域良好的生态环境，是推动海岛开发与保护、维护国家海洋权益的重要保障。

三、科学利用近岸空间资源的需求

海岸带和近岸海域空间是海洋经济发展和海陆关联工程建设的重要载体。全世界50%以上的人口聚集在距离海岸线200千米以内的区域，全球六大城市带中有5个分布在沿海地区。在沿海大城市人口聚集和产业聚集不断深化的过程中，发展空间制约问题日渐凸现，引发了交通拥堵、产业衰退、社区老化等一系列问题。很多城市把拓展方向转向近岸海域，通过围填海来利用海洋空间，完善城市基础设施，优化空间布局。

我国正处在经济快速发展的时期，沿海地区工业化、城市化进程加快，以城市扩张和重化工业发展为特点的新一轮沿海开发热潮席卷全国，近岸空间开发强度逐渐加大。未来一段时期，在人口自然增长、城市化和新一轮全国性沿海开发等多种因素的共同作用下，人口趋海移动的趋势将长期持续，沿海地区日益成为城市中心区、人口聚居区和产业聚集区，对近岸空间资源的需求不断提升。科学规划利用海岸线和近岸海域空间资源，有利于缓解我国土地供给压力、促进沿海经济可持续发展。

四、优化海陆关联交通体系的需求

海洋是重要的国际贸易通道。目前，海上运输占全球货物运输量的90%，在远程运输中的比例接近100%（以货物重量计）。港口是海陆联运的重要节点，在全球物流体系中发挥了关键作用。此外，跨海大桥、海底隧道等重大海陆通道工程在区域交通体系中的作用也在不断提升，成为区域性海陆交通的重要支撑。

近10年来，我国沿海港口建设出现新高潮，港口通过能力快速增长，目前通过能力和实际吞吐量均居世界首位。在世界前十大港口中，我国（大陆）已占据6个。随着港口之间的分化、分工与合作趋于强化，区域港口体系将逐渐形成。我国桥隧工程建设也取得了新突破，杭州湾跨海大桥、舟山跨海大桥、青岛胶州湾跨海大桥、上海东海大桥、青岛胶州湾海底隧道、厦门翔安海底隧道等重大交通基础设施相继投入使用，更多的工程项目处于论证和准备阶段。

随着我国现代化进程的加快，海岸带地区人口、产业聚集和城市发展对沿海交通体系提出了更高的要求。这也意味着在很多地区，大型深水港和跨海通道建设的必要性与经济可行性都大大提高。在大力推动海陆关联交通体系发展的同时，也必须高度重视各类大型交通工程建设的科学规划与有序实施。

五、强化沿海安全管理与防灾减灾的需求

海岸带是各种动力因素最复杂的区域，同时又是经济活动最活跃的区域，易受风暴潮、海浪、海冰、海啸、赤潮及海岸侵蚀等多种海洋灾害的影响。20 世纪 90 年代以来，我国海洋灾害所造成的损失每年达数百亿元人民币，是世界上海洋灾害最严重的国家之一。我国也是地震多发的国家，一旦重要海陆关联工程设施（如海洋平台、人工岛、输油管道、核电站等）结构在地震中遭到破坏，引发的次生灾害后果将极其严重。海洋防灾减灾工程在沿海经济社会发展中发挥了重要作用。通过有针对性地设计和实施一定的工程结构，能够减轻海洋自然灾害、人为事故以及次生灾害对沿海设施和居民生命财产的损害，保障沿海地区经济社会持续稳定的发展。

随着沿海地区城市化步伐加快，沿海重大工程设施与人口密集区的空间间隔趋于压缩，未来涉海自然灾害和事故对沿海城市的影响将更为显著。2020 年，我国沿海核电运行装机容量有可能达到 4 000 万千瓦，建成、在建的核电站绝大部分位于沿海地区。国家石油战略储备工程也多位于沿海区域。滨海核电站、大型油气设施等重大工程对沿海地区环境与安全的潜在影响将更加突出，存在对加强防灾减灾和安全管理的重大需求。

第二章 我国海陆关联工程与科技的发展现状

一、工程建设进入快速发展新阶段

进入21世纪以来，伴随着新一轮沿海开发浪潮的兴起，我国海陆关联工程出现了新的建设高潮，新建工程数量和规模都达到了空前水平。城市沿海新区综合开发、区域港口和临港工业区建设，推动了海陆关联工程在全国范围的大发展。在空间分布上，表现为从中心城市向周边城市，再沿海岸线不断扩展延伸的发展趋势。开发建设模式从沿海陆域开发向海岸线改造、围填海、海岛开发等方面扩展，海岸带开发明显加速。

（一）港口建设出现新高潮

沿海港口在区域经济发展中发挥重大作用，是最重要的海陆关联工程之一。近10年来，我国沿海出现了港口建设的新高潮，建设范围之广、规模之大，都是前所未有的，成为反映我国海陆关联工程加快发展的一个重要方面。

2000年以来，我国沿海港口建设加速，建设规模不断扩大。“十一五”期间形成了一个建设高潮。2006—2010年，沿海港口建设年均新增固定资产达700亿元，年均净增通过能力超过5亿吨。经过“十一五”以来的高速增长，2012年我国沿海生产性泊位约6 500个，其中深水泊位超过1 900个，较“十五”末增长了75%；总通过能力超过65亿吨，较“十五”末翻了一番；集装箱总通过能力超过1.7亿标准箱。随着港口建设的加快，我国长期存在的严重压船压港问题迅速得到缓解。由于通过能力增长连年超过实际吞吐量的增长，从2010年起沿海港口建设开始降温。2012年，净增通过能力降到4亿吨以下，较2009年连续3年下降（图1－2－1）。

在基础设施完善的同时，我国港口“软件”建设也在不断升级。港口信息化水平实现较大提升，主要港区的电子数据交换（electronic datainter-

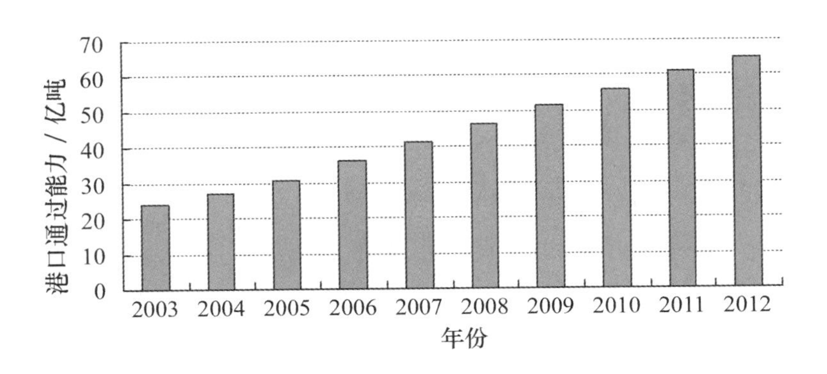

图 1－2－1　我国沿海港口总通过能力变化情况

资料来源：中国港口年鉴编辑部，中国港口年鉴，2003—2012.

change，EDI）网络已基本建成，上海、天津、青岛、宁波－舟山港等的集装箱 EDI 系统已达国际先进水平，在国际集装箱运输中近 80% 的运量实现了电子数据交换。航运服务体系初步建立，港口金融、保险、咨询、信息服务等衍生行业得到了较快发展。港口管理体制改革不断深化，初步建立了政企分离的港口行政管理体系，理货服务、引航服务、船舶供应服务和拖轮助泊服务等港口配套服务业也得到快速发展。现代港口物流迅速发展。沿海重要港口立足于港口装卸、转运服务，以及理货、船舶供应等配套服务，不断加强服务创新，积极利用自身优势开展物流业务。一些港口正在积极探索港口物流发展的新模式，典型代表有上海罗泾新港的“前港后厂”模式以及通过“无水港”构建港口内陆物流服务网络的模式。

（二）跨海通道建设步伐加快

进入 21 世纪以来，我国沿海交通体系发展迅速。跨海大桥、海底隧道建设相继实现了突破，不仅对沿海经济社会发展起到了有力的推动作用，也迅速缩小了我国跨海通道领域与国际先进水平的差距。

跨海通道建设主要包括 3 个层次。第一类是沿海地区大江大河河口（如长江口、珠江口）、海湾湾口（如胶州湾、杭州湾）的跨海通道工程，以及沿岸海岛（如舟山群岛、厦门岛）陆连通道工程，主要目的是打通沿海市、县级区域板块的跨海交通“瓶颈”，其长度为数千米至数十千米，投资规模多为 10 亿（元）级到百亿（元）级。第二类是海峡跨海通道工程，包括渤海海峡通道、台湾海峡通道和琼州海峡通道，主要目的是连接省级地缘板块，其长度为数十千米至数百千米，投资规模为百亿（元）级到千亿（元）级。第三类是国际跨海通道，如构想中的中、韩、日跨海大通道，主要目的是跨海连接国家之间的公路、铁路系统，长度为百千米级，投资规模在千亿（元）级以上。我国目前正在建设的跨海通道基本属于第一层次，大型海峡通道建设尚在论证和准备中。

跨海大桥是跨越海湾、河口或其他海域的桥梁。我国跨海大桥建设在2000年以后开始加速，“十一五”期间形成了一个建设高潮。1991—2010年，我国共建成跨海大桥31座，仅2008—2010年3年间建成的就有14座。从拟建和在建项目情况看，我国跨海大桥建设高潮仍在持续。目前，在建跨海大桥项目20个，总投资1 278亿元；拟建项目17个，总投资5 188亿元。预计“十二五”期间建成跨海大桥24座。在已经建成的跨海大桥中，横跨宽阔海域、长度超过20千米的有4座，分别是东海大桥、杭州湾大桥、舟山大陆连岛工程跨海大桥和胶州湾大桥。象山港大桥和厦漳跨海大桥已经通车。正在建设的有港珠澳大桥等，规划建设的有琼州海峡工程、浙江六横大桥等（图1－2－2）。

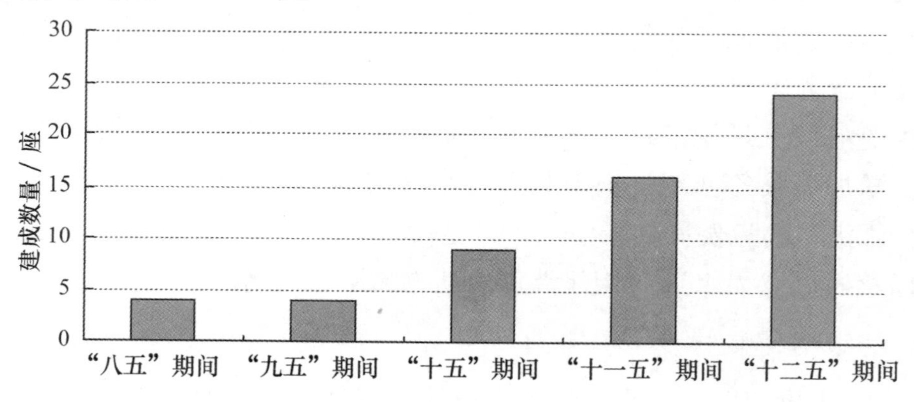

图1－2－2　“八五”至“十二五”跨海大桥建成数量

注：“十二五”期间为预计数.

资料来源：蓝兰，我国跨海大桥建设情况分析，2012.

我国海底隧道建设起步时间较晚，目前已建成的大型海底隧道有两条，分别是厦门翔安隧道和青岛胶州湾隧道。厦门翔安隧道是我国第一条由国内专家自行设计的海底隧道，也是世界上第一条采用钻爆法施工的海底隧道。该隧道位于福建省厦门市，是联结厦门岛和翔安区的公路隧道，2010年4月通车。青岛胶州湾隧道是目前我国最长的海底隧道，穿越青岛胶州湾湾口海域，于2011年6月通车。琼州海峡、台湾海峡以及渤海湾等隧道工程也正在酝酿中。

（三）沿海重大能源设施建设启动

我国海陆关联工程发展的另一个方面表现为以核电站、大型油气储运设施等为代表的重大能源项目的沿海布局和建设。

以核电站为例，我国已投入运营的核电站共有13台机组，发电量占全国发电总量的1%。正在运营的核电站有6座，分别是浙江秦山一、二、三期核电站，广东大亚湾核电站，广东岭澳核电站和江苏田湾核电站，均位于沿海地区。我国还是世界上在建、筹建核电站最多的国家，在建核电站有12座，筹建项目有25个，其中绝大部分位于沿海地区。

国家战略石油储备工程建设是我国能源安全战略的重要内容之一。我国从2004年起开始建设国家战略石油储备库第一期工程，主要分布在宁波、舟山、青岛和大连等4个沿海港口城市，原油储备能力达1亿桶。第二期工程8个战略储备库中，有4个选址在沿海地区。可以预见，在工程建成后，我国沿海地区将成为重大能源设施分布的重点区域。

一系列重大能源设施的建设和运行，一方面对沿海经济结构产生多方面的影响；另一方面也对沿海防灾减灾和安全管理提出了更高的要求。

二、工程技术总体水平达到新高度

随着各个领域一批重大工程的实施，我国海陆关联工程技术水平实现大幅提升，突破和掌握了大型涉海工程一系列关键技术，与国际先进水平的差距迅速缩小。目前，我国在大规模填海工程、大型深水港、跨海大桥、海底隧道、深水航道疏浚、沿海核电站、石油储运设施等领域的综合工程技术正在向国际前列跨越，一些代表性工程的规模与技术已经接近国际领先水平。

（一）跨海通道设计施工技术大幅提升

跨海大桥和海底隧道工程技术的发展，最能代表我国海陆关联总体水平的提升。与跨越（穿越）河流的桥梁、隧道相比，跨海大桥和海底隧道普遍具有长度大、跨度大、深度大等特点。如杭州湾大桥工程全长36千米，海上桥梁长度达35.7千米；胶州湾大桥海上段长度25.2千米。厦门翔安海底隧道最深在海平面下约70米，青岛胶州湾隧道最深在海平面下82米。这不仅大大增加了施工工程量，也给施工组织和运营管理带来了许多新的难题。大型跨海通道还具有投资巨大的特点，厦门翔安隧道与青岛胶州湾隧道的总投资都超过了30亿元，青岛胶州湾跨海大桥投资超过100亿元。

跨海通道建设普遍面临自然条件复杂、施工条件差、制约因素多等困难，这对设计和施工技术水平提出了较高的要求。以杭州湾跨海大桥为例，施工区域水文气象条件复杂，有效作业时间年均仅180天左右；工程地质条件较差，软土层厚达50米，南岸浅滩区10千米范围内存在浅层沼气；南岸滩涂区长达9千米，施工作业条件受到限制；大桥处于海洋强烈腐蚀环境，对大桥结构耐久性影响很大。胶州湾大桥也同样面临诸多施工困难：冰冻期长达60天左右；胶州湾海域海水盐度高达29.4～32.6；桥梁受通航、航空双重限制，桥面以上塔高、拉索布置的空间有限。海底隧道建设则主要面临深水区施工作业的风险：深水海洋地质勘察的难度高、投入大，漏勘与情况失真的风险程度增大；高渗透性岩体施工开挖所引发涌/突水（泥）的可能性大，且多数与海水有直接水力联系，达到较高精度的施工探水和治水十分困难；海上施工竖井布设难度高，致使连续单口掘进长度加大；饱水岩体强度软化，其有效应力降低，使围岩稳定条件恶化；全水压衬砌与限压/限裂衬砌结构的设计要求高；受海水长期浸泡、腐蚀，高性能、高抗渗衬砌混凝土配制工艺与结构的安全性、可靠性和耐久性要求严格；城市长跨海隧道的运营通风、防灾救援和交通监控，需有周密设计与技术措施保证等。

我国在跨海通道设计施工过程中，面对新环境、新问题，因地制宜地大量采用技术创新和施工工艺创新，这是我国跨海通道建设中的一个显著特点。例如，在杭州湾大桥建设中，为减少海上作业量，大桥70米预应力混凝土连续箱梁采用整体预制架设的方案，重达2 160吨的箱梁采用运架一体专用浮吊吊装架设；大桥水中区墩身采用预制墩身方案，利用大型船舶运至墩位处吊装；针对桥址处局部区段富含天然气的情况，采取主动控制放气及增大端阻力与发挥桩侧阻力增强效应的对策，保证了桥梁基础的稳定。在厦门翔安隧道施工中，在软弱大断面，首次采用了改进的CRD工法和分工序变位控制法，使围岩变形控制在允许范围内；对隧道顶板厚度小于隔水层厚度的富水砂层地段，根据浅滩地表条件，因地制宜地优选了地表连续墙分仓截水，仓内井点降水和洞内超前钢花管注浆加固的辅助工法；

针对不同地质条件的风化槽，研究应用了复合注浆技术，提出了穿越风化槽综合施工技术；提出了海底硬岩爆破临界振动速度限值和循环进尺，以及覆盖岩层临界厚度，确保了海底隧道施工安全。

（二）深水港技术取得重大突破

近年来，第六代超大型集装箱船（装载7 000～8 000标准箱）投入使用，对现代港口、特别是集装箱枢纽港建设提出了更高的要求。实施水深超过－15米的深水港建设，正在成为世界各大港口参与国际航运中心竞争的一个重要手段。21世纪以来，上海、宁波－舟山、天津、青岛等沿海港口相继启动了深水港建设，使我国深水港工程技术水平得以迅速提升。

上海洋山港是我国发展现代化深水港的典型代表。洋山深水港区是依托大、小洋山岛链，由南、北两大港区组成的大型深水港。采用单通道形式，分四期建设。规划至2020年，北港区（小洋山一侧）可形成约11千米深水岸线，建成深水泊位30多个，预算总投资500余亿元，建成后的洋山港区集装箱年吞吐能力达1 300万标准箱，上海港洋山深水港区将跻身于世界大港之列。大洋山一侧南港区岸线将作为2020年以后的规划发展预留岸线。长远来看，洋山港区可形成陆域面积20多平方千米，深水岸线20余千米，可布置50多个超巴拿马型集装箱泊位，形成2 500万标准箱以上的年吞吐能力。

作为建在外海岛屿上的离岸式集装箱码头，洋山深水港区离岸造地面积135万平方米（海拔7米），海底打桩最深达39米。港口建设过程中，创造性地采用"斜顶桩板桩承台结构"、"海上GPS打桩定位系统"等多项国内施工新工艺。结合洋山港论证、设计和建设，设立实施了专题科研项目20多项，申请专利50多个。洋山港一期的建成使用，成为我国深水港建设历史上的重要里程碑，为后续深水港工程技术探索奠定了良好的基础。

在一系列深水港建设经验积累的基础上，我国还组织实施了对水深超过－20米的离岸深水港关键技术的研究攻关。在海洋动力环境与深水港规划布置、海工建筑物耐久性与寿命预测、波浪作用下软土地基强度弱化规律与新型港工结构设计方法、深水大浪条件下外海施工技术与装备等重要领域，进行了针对性的研究攻关，取得了一系列重要成果。深水港建设系列关键技术的突破，不仅能够有效缓解我国适合建港岸线资源不足的问题，也为我国在远离大陆区域实施离岸深水工程进行了技术积累。

（三）河口深水航道技术的新探索

长江口是上海港、洋山深水港发展内河输运体系的重要节点。然而由于长江来水来沙及长江三角洲地形，长江口形成了 40～60 千米的“拦门沙”区段。长期依靠疏浚维持7.0 米航道通航水深，年维护疏浚量约 1 200 万立方米。由于航道水深限制，长江流域的大量外贸集装箱通过日本、韩国中转，阻碍了我国沿海－内陆航运体系的发展。

进入 21 世纪以来，为了消除长江口对江海联运的制约，我国启动了长江口深水航道整治工程（图 1－2－3）。长江口三级分汊包括一级分汊北支、南支；二级分汊南支—北港，南支—南港；三级分汊南支—南港—北槽，南支—南港—南槽。工程最先实施对南支—南港—北槽航道的整治，依据“一次规划，分期实施，分期见效”的原则，工程分三期实施。一期工程 2002 年竣工，最小水深达 8.5 米；二期工程 2005 年竣工，航道最小水深 10.0 米；三期工程 2010 年 3 月竣工，使长江口主航道水深达到 12.5 米。具体工程方案是通过建设南北导堤，起到导流、挡沙、减淤的作用。堤内侧丁坝群，减少主航道泥沙淤积，保持航道水深。三期工程完成后，在长江口形成了底宽 350～400 米、深 12.5 米、总长 92 千米的出海航道，能够满足第三、四代集装箱船全天候进出长江口，第五、六代集装箱船、10 万吨级散货船和油轮乘潮进出长江口的需要。

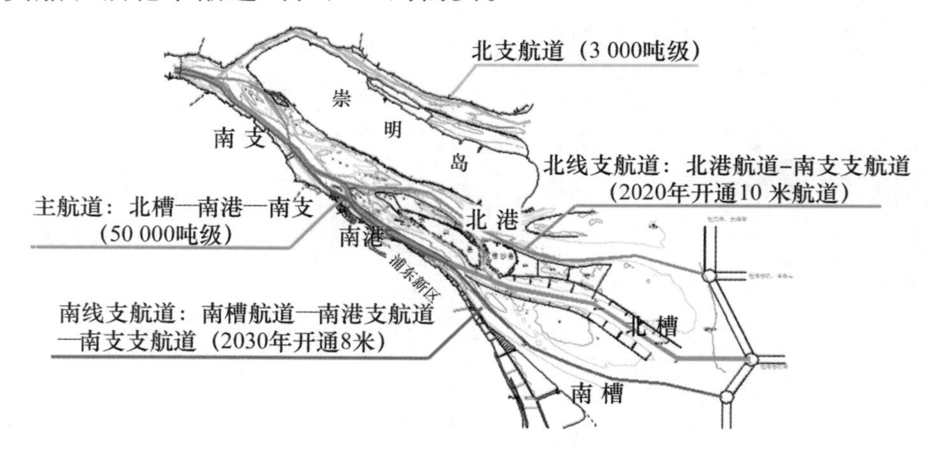

图 1－2－3　长江口深水航道整治工程示意图

长江口航道整治工程规模之大，是世界航道工程中鲜有的。在设计施工过程中，我国工程技术人员创造性地尝试了一系列新方案、新技术，对大河河口深水航道建设进行了有益的探索。工程中涉及的关键性创新技术有：①采用了新型护底软体排结构。该结构适应地形变形能力强、保砂、透水性能好、整体性好、结构简单、安全稳定，适合大面积、高强度施工、价格低廉，保证了整治建筑物及周边滩面的稳定。②设计了新型堤身结构形式。在航道整治过程中，根据实际地形及地质特征主要采取几种新型堤身结构。包括袋装砂堤心斜坡堤结构、空心方块斜坡堤结构、半圆形沉箱结构、充砂半圆体结构等。③使用了新的施工工艺和装备。对于软体排护堤采用专用铺排船铺排，基床处理使用料斗式抛石专用船、抛石基床正平专用船、塑料排水板打设船、平台式基床抛石整平船、半圆形沉箱安装船等。开发了专船专用的高效施工模式。

2010 年完成长江口深水航道北槽—南港—南支整治工作后，长江口主航道水深达到 12.5 米，可通航 50 000 吨级货轮。工程计划在 2020 年完成北港—南支 10 米航道通航，2030 年完成南槽—南港—南支 8 米航道通航任务。另外，北支 3000 吨级航道将于后期开发。长江口深水航道的建成，促进了长江水系高等级航道网的形成，充分发挥长江“黄金水道”的作用，也为上海国际航运中心建设提供了有力的支撑。

三、沿岸空间开发成为发展新热点

近 10 年来，海岸带地区日益成为城市发展和产业、人口聚集的新空间。在中央批准的一系列沿海经济发展战略中，各省、市、自治区纷纷将滨海地区作为加快发展海洋经济的主战场，设立了天津滨海新区、浙江舟山新区、广州南沙新区、横琴新区等多个沿海经济新区。很多沿海城市也将新城区和产业园区规划在滨海地区。同时，海岛在海洋开发中的重要作用逐渐引起广泛重视，海岛开发与保护力度明显加大。这使围填海工程和海岛工程成为海陆关联工程发展的一个新热点。

（一）围填海工程成为沿海开发的重要形式

沿海城市综合开发、区域港口群建设、临港工业区开发等对近岸空间的需求不断加大，促进了围填海工程的发展。2005—2011 年，我国每年确权填海造地面积都在 1 万公顷以上，反映了对海洋空间利用的巨大需求。

我国围填海工程规模在“十一五”期间形成了一个高峰。自 2005 年确权面积超过了 1 万公顷后，呈逐年增加趋势，到 2009 年确权面积达到了

1.8 万公顷。此后，由于对填海工程控制趋于严格，2010 年起年度确权面积有所下降，2010 年和 2011 年确权填海面积均约 1.4 万公顷，2012 年减少到 0.9 万公顷（图 1－2－4）。与 20 世纪 50—70 年代相比，本轮围填海工程主要服务于沿海城镇化和工业化需求，农业用途的工程项目较少。国家海洋局《海域使用管理公报》显示，我国“十一五”期间累计确权填海面积 6.7 万公顷，其中建设用地 6.4 万公顷，农业用地仅 0.3 万公顷。

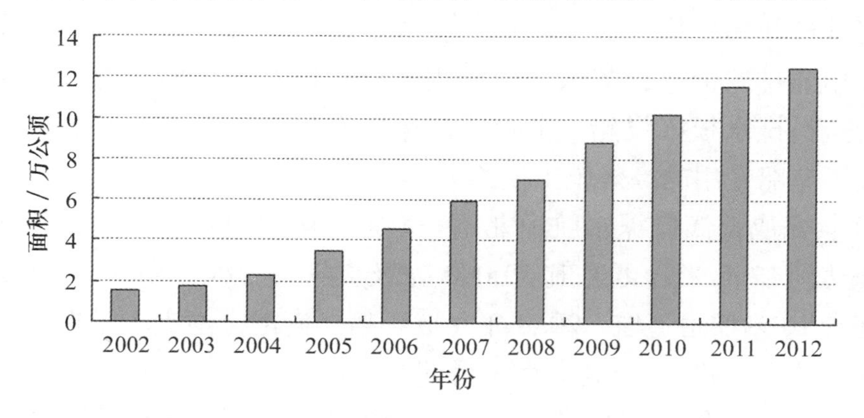

图 1－2－4　我国累计填海造地海域累计确权面积

资料来源：国家海洋局，海域使用管理公报，2003—2012.

沿海地方是围填海工程建设的主要推动力量。随着近年来全国沿海省、市、自治区以海洋经济为重点（或特色）的国家级发展战略陆续出台，各地的沿海空间需求大幅度增长，很多地区制订了大规模的围填海工程计划，将之作为海洋产业、临海产业的发展基地。例如，天津滨海新区规划面积 2 270 平方千米，国务院批准填海造地规划 200 平方千米，涉及 8 个产业功能区；河北曹妃甸工业区规划用海面积 340 平方千米，其中填海造地面积 240 平方千米，依托矿石码头和首钢搬迁，大力建设精品钢材生产基地，发展大型船舶、港口机械、发电设备、石油钻井机械、工程机械、矿山机械等大型重型装备制造业；江苏省规划了 18 个围海造地区，计划围海造地总面积 400 平方千米，计划到 2015 年，将江苏省打造成区域性国际航运中心、新能源和临港产业基地、农业和海洋特色产业基地、重要的旅游和生态功能区；浙江省滩涂围垦总体规划 7 市 32 县（市、区）造地面积为 1 747 平方千米；福建省 2005—2020 年规划 13 个港湾 158 个项目，围填海 572 平方千米；上海市 2010—2020 年规划填海造地 767 平方千米。

（二）海岛开发与保护工程发展加快

海岛开发与保护工程是一项复杂的、长周期的复合系统工程，可分为海岛国防建设工程、陆岛关联基础工程、海岛资源开发工程、海岛环境保护工程等。近年来，随着海岛经济价值和战略地位的日益凸显，海岛开发与保护受到越来越多的关注。各级政府不断加大海岛投入，积极支持海岛工程建设。一些面积较大的海岛，如舟山群岛、庙岛群岛和长山群岛，充分利用区位、渔业、景观、民俗文化等方面的优势资源，逐步建立了独具特色的产业体系，生产和生活基础设施得到改善。

实施海岛开发与保护工程的根本目的是维护国家海洋权益，促进海岛资源和空间的科学开发利用，发展海岛经济，加强海岛生态环境保护，充分发挥海岛在海洋生态系统中的独特功能，从开发和保护两个方面推动海岛可持续发展。海岛开发与保护工程的具体作用体现在以下方面：①促进海岛资源的科学开发利用。通过加强基础设施建设，可提高海岛资源开发综合效益，促进海岛经济持续健康发展。②加强海岛生态环境保护。通过加大海洋生态保护投入、实施生态修复工程、建立海岛生态保护区、完善海岛管理体制及强化海岛生态环境监控等措施，可有效维护海岛生态环境健康，使海岛在海洋生态系统中的功能和作用得到充分发挥。③维护国家海洋权益。通过科学规划和建造一批海岛工程设施，使之成为我国开发深水大洋资源和解决海洋领土争议的重要战略平台。

海岛基础设施快速发展。改革开放以来，我国海岛基础设施建设得到长足发展，在一些较大的海岛形成了较为完善的港口、水利、道路、供电、市政、环保等基础设施体系。连陆海堤、跨海大桥等陆岛通道工程建设极大地便利了海岛的对外联系，为海岛持续健康发展创造了有利条件。

海岛生态环境保护工程逐步实施。针对部分海岛日趋严重的生态环境问题，依据《中华人民共和国海岛保护法》，我国启动了海岛生态环境保护工程。在舟山市桥梁山岛、烟台市小黑山岛和威海市褚岛开展了海岛生态修复试点工作，取得了初步成效。在此基础上，国家又批复了锦州市笔架山连岛坝、唐山市唐山湾“三岛”、上海市佘山岛、宁波市韭山列岛和渔山列岛以及深圳市小铲岛5个不同区域、不同修复类型的省级海岛整治修复及保护项目，海岛生态修复工作稳步推进。

无居民海岛开发启动。2011年4月，国家海洋局公布了首批176个开发利用无居民海岛名单，其开发利用的主导用途涉及旅游娱乐、交通运输、工业、仓储、渔业、农林牧业、可再生能源、城乡建设、公共服务等领域。我国还进一步完善了无居民海岛开发利用的管理政策体系。

综上所述，以近岸空间和海岛开发为主要内容的海洋空间利用工程正在成为我国海陆关联工程发展的热点，同时也带动了众多海洋资源开发利用与保护工程、海上交通工程和海洋防灾减灾工程的实施。

四、在沿海经济发展中发挥新作用

近10多年来，沿海城市化、工业化进程加快，促进了我国海陆关联工程的发展。作为沿海重大基础设施，海陆关联工程的布局、规模和实施进程在很大程度上取决于沿海区域经济社会发展的需求；由于重大基础设施对所在区域在地缘特性、资源禀赋、交通物流等造成的巨大改变，海陆关联工程在实施后又会对沿海经济社会发展的长期趋势带来深远的影响。各地海陆关联工程与沿海产业和区域发展互动的案例充分说明了海陆关联工程在沿海区域经济发展中发挥的重要推动作用。

（一）港口建设带动现代临港产业体系发展壮大

目前，全国南、中、北三大国际航运中心框架已初步形成：以香港、深圳、广州三港为主体的香港国际航运中心，以上海、宁波－舟山、苏州三港为主体的上海国际航运中心，以大连、天津、青岛三港为主体的北方国际航运中心。宁波－舟山港、上海港、深圳港、青岛港等重要港口的集装箱吞吐量高居世界前列，国际竞争力显著提高。

现代港口体系的初步建立，为沿海各地以港口为依托规划建设经济功能区创造了有利条件。在近年来中央批复的一系列沿海经济发展战略中，各省、市、自治区无一例外地将临港工业作为发展海洋经济的重点内容。《全国海洋经济发展“十二五”规划》中确定的三大海洋经济圈、10个海洋经济区域中，港口及临港产业都是海洋经济发展的重点。如在环渤海沿海及海域规划中提出：“依托天津港、秦皇岛港、唐山港、黄骅港，重点发展中转、配送、采购、转口贸易及出口加工等业务，推进天津北方国际航运中心和国际物流中心建设。”在对上海沿岸及海域规划中提出，要推进上海国际航运中心建设，形成以深水港为枢纽、中小港口相配套的沿海港口和现代物流体系；大力发展航运物流、航运金融、航运信息等服务业，探索建立国际航运发展综合试验区；开展船舶交易签证、船舶拍卖、船舶评估等服务；加快发展上海北外滩、陆家嘴和临港新城等航运服务集聚区等。

依托现代化港口的发展，一些大宗资源、能源初级产品对外贸易规模扩大，促进了沿海地区重化工业的发展，大大改变了相应产业的全国布局。例如，依托大型油港和储备设施，以进口油气为原料，宁波、青岛、大连等沿海城市大力发展石化产业，使沿海石化产业占全国的比重不断提高。2012 年，我国沿海地区炼油企业数量已占全国的 80%，炼油能力占全国的 70%。“十二五”期间我国沿海在建、扩建和拟建炼油项目的总生产能力达 2.1 亿吨/年，占全国新增炼油能力的 95.5%。再如，近年来我国钢铁产业向沿海转移的趋势明显。国内主要钢铁集团都制定了发展沿海钢铁基地的计划，宝钢在广东湛江、武钢在广西防城港、首钢在河北曹妃甸、鞍钢在辽宁鲅鱼圈、山东钢铁在日照，均相继实施了新增产能布局。预计各基地建成后，我国沿海钢铁产能占全国比例将由目前的 20% 提高到 40% 以上。

（二）港口、桥隧等重大工程对区域经济格局产生明显影响

杭州湾跨海大桥、舟山跨海大桥、胶州湾海底隧道、唐山曹妃甸港区、青岛董家口港区等一批重大工程的实施，对沿海区域经济发展格局产生了重大影响。明显优化了一些地区的地缘属性，直接推动了相关区域的城市化和工业化进程。

跨海桥隧对于打通交通“瓶颈”，改善区位条件具有明显作用。例如，作为沿海高速公路的重要组成，杭州湾跨海大桥减少了杭州湾对上海和浙东地区的交通制约，使宁波至上海的陆路距离缩短了 120 千米。对于加快宁波、台州等地融入长三角，促进浙江发展起到很好的促进作用。从更微观的角度来看，宁波市依托杭州湾跨海大桥规划建设了陆域面积 235 平方千米的杭州湾新区，将之定位为统筹协调发展的先行区、长三角亚太国际门户的重要节点区、浙江省现代产业基地和宁波大都市北部综合性新城区。大桥开通后，对周边慈溪、余姚等地经济也起到了促进作用。

港口对于周边区域带动作用更加广泛和多样化，对于区域交通条件、资源禀赋、产业环境、城市空间等方面都会产生重大影响。唐山曹妃甸在 2003 年以前仅是一个带状沙岛。在曹妃甸港建设带动下，10 年来累计完成建设投资 3 000 亿元，经济规模扩大了 50 倍，已经形成了沿海工业区和城市新区的雏形。2012 年 7 月，经国务院批准设立唐山市曹妃甸区。青岛市

黄岛区的发展也是以港兴城的典型案例。在2002年青岛港集装箱业务整体转移到前湾港区后，黄岛区城市化、工业化进程迅速推进，2002—2011年地区生产总值从165亿元增长到1 175亿元。2012年，青岛市依托青岛港前湾港区和董家口港区的开发，将黄岛区与胶南市合并成立新的黄岛区，形成了陆域面积2 096平方千米，海域面积5 000平方千米，常住人口139万，包括国家级经济技术开发区、国家级保税港区、中德生态产业园在内的西海岸新区。新区定位为国际高端海洋产业集聚区、国际航运枢纽、海洋经济国际合作示范区、国家海陆统筹发展试验区、山东半岛蓝色经济先导区。规划到2020年，建成海洋高端产业集聚、生态环境一流、城市功能完善、综合实力位居全国前列的经济新区，实现基本公共服务均等化。生产总值突破10 000亿元，地方财政一般预算收入700亿元，人口规模280万左右，城镇化水平达到90%。

（三）海岛开发与保护工程推动海岛经济结构优化

随着近年来海岛基础设施的完善，海岛经济结构不断优化。传统渔业地位下降，第二产业比重提高。以舟山市为例，作为全国唯一的海岛市，舟山市形成了以临港工业、港口物流、海洋旅游、海洋医药、海洋渔业等为支柱的现代产业体系。海洋经济增加值占GDP的比重超过60%，是全国海洋经济比重最高的城市，经济结构实现了由单一的传统渔业经济向综合的现代海洋经济转变。凭借海洋区域和资源优势，近年来我国大陆的12个海岛县（区）工业发展呈高位增长，定海区、普陀区、岱山县、嵊泗县和长岛县等年递增率超过20%。

海岛旅游业迅速发展。在我国大陆的12个海岛县（区）中，除平潭县和崇明县，其他各县旅游收入占GDP的比重已经超过或接近10%，普陀区、南澳县、洞头县和长岛县旅游收入占GDP的比重接近甚至超过20%，旅游业成为当地经济发展中的主导产业。

第三章　世界海陆关联工程与科技发展现状与趋势

近年来，国际海陆关联工程发展出现了一些新的趋势。① 发达国家纷纷采纳了基于海岸带综合管理的思想和方法，以海洋空间规划为工具，提高了海陆关联工程布局的系统性和协调性。② 加强了对岸线及近岸海域的建设性保护，通过建设相应的保护工程及提供配套服务，强化了自然岸线保护及岸线修复。③ 实施以资源集约和技术集成创新为主要特点的新型（立体化、离岸式）海陆关联工程整体规划，如阿联酋的海上人工岛群工程、荷兰沿海城市的近岸人工浮岛居住群工程、日本和韩国的离岸人工岛、海底智能工厂等。④ 全球气候变化及人为因素所导致的重大灾害威胁引起更广泛的关注，一些国家开始进行相应的预警和防护设施建设，如日本福岛核危机的后期建设、美国强风暴袭击后的沿岸环境设防工程等。

一、世界海陆关联工程发展现状与主要特点

（一）沿海港口工程

1. 港口向规模化、深水化方向发展

当前，国际经济全球化趋势越来越明显，国际贸易范围和规模不断扩大。远洋航运集装箱船、油轮、散货船都出现了大型化、专业化的趋势，对港口硬件设施提出了更高的要求，促进了港口规模扩大。目前全球排名前30位的集装箱港口中，有20个以上具有－15米以上的深水泊位。为提高竞争力，很多港口投资建设了10万吨级以上的集装箱码头、20万吨级以上的干散货码头以及30万吨级以上的原油码头，一些港口正在建设或规划更大吨位的超大型深水码头。

2. 信息化成为港口竞争力的重要方面

信息时代的到来使港口对数字技术、定位技术和网络技术的依赖不断

加深。信息化、网络化已经成为现代港口作为国际物流中心的重要发展方向。港口正在成为所在城市公共信息平台的重要节点。世界大港加大信息化投入，以更好地适应信息化社会的快速发展。

比利时的安特卫普港设计了现代化的信息控制系统和电子数据交换系统，港务局利用信息控制系统引导港内和外海航道上的船舶航行，私营企业则利用电子数据交换系统来进行信息交换和业务往来。新加坡政府建成了 Tradenet、Portnet、Marinet 等公共电子信息平台，为港口物流相关用户提供船舶、货物、装卸、存储、集疏运等各类信息，实现了无纸化通关。

3. 港口物流体系建设得到高度重视

荷兰鹿特丹以港口为枢纽，建成了四通八达的海陆疏运网络：高速公路与欧洲的公路网直接连接，覆盖了欧洲各主要市场；铁路网与欧洲各主要工业地区相连，直达班列开往许多欧洲主要城市；水上内河航运网络与欧洲水网直接联系。鹿特丹港已成为储、运、销一体化的国际物流中心，依托发达的集疏运网络，优化了临港经济发展模式。

汉堡港为了将港口的辐射范围延伸到东欧市场，大力发展远程集装箱铁路运输，通过租用铁路线、跨境收购铁路站股权等方式，开通了至波兰等东欧国家的五定班列，开创了港口公司经营跨境集装箱铁路专线的先例。

4. 以国际航运中心为节点的区域性港口群正在形成

港口在地理布局上向网络化方向发展，正在形成以全球性或区域性国际航运中心港口为主，以地区性枢纽港和支线港为辅的港口网络。港口日益成为其所辐射区域外向型经济的决策、组织与运行基地。面对激烈的竞争，各个地区的港口群体逐步形成了各具特色的分工体系，枢纽港与支线港的分工合作更加紧密。各级政府、企业和社会组织在其中发挥了重要作用。

纽约-新泽西港口群采用地方主导型竞合模式，主要特点是共同组建港务局，统一管理与规划。这种模式在较小的区域范围内，特别是港口位置非常接近、港口数量有限的情况下比较合适。日本东京湾港口群最大的特点是由国家主导，运输省负责各港口的协调，港口群实行错位发展，共同揽货，整体宣传，提高知名度，增强竞争力，避免港口间的过度竞争。欧盟通过欧洲海港组织（ESPO）管理欧洲海港，协调各个港口之间的利益，既保持各港口的独立性，又保护港口间公平竞争环境。

（二）跨海大桥工程

跨海大桥是现代工业文明的产物，是现代工程技术与组织管理手段结合而实施的大型海陆关联工程的典型代表。目前世界上跨海大桥主要分布在欧洲、北美、东亚、西亚等地区。比较有代表性的跨海大桥有美国切萨皮克湾隧道大桥、日本濑户内海大桥、中国杭州湾跨海大桥等。1964 年 4 月，结构复杂精巧的美国切萨皮克湾隧道大桥正式通车，桥体融合了人工岛、沉管隧道和大桥 3 种形式，可谓美国桥梁建设工程历史上值得骄傲的杰作。1988 年 4 月，连接日本本州冈山县和四国香山县的濑户内海大桥建成通车，由两座斜拉桥、3 座吊桥和 3 座桁架桥组成，成为目前世界上最大的跨海大桥。1998 年 8 月，大贝尔特海峡大桥纵身横跨于丹麦大贝尔特海峡之上，将西兰岛和菲英岛连接在一起，全长 17.5 千米，由西桥、海底隧道和东桥 3 部分组成。

跨海大桥的作用在于打通受海洋阻隔而产生的陆地交通“瓶颈”，从而大幅提升区域交通物流效率，推动经济社会加快发展。在这方面，日本濑户内海大桥特别具有代表性。濑户内海大桥通车后，驾车或者乘坐火车穿越大桥只需大约 20 分钟。而在大桥建成之前，渡船摆渡需要大约 1 个小时。该跨海大桥系铁路公路两用桥，总长度 37 千米，跨海长度 9.4 千米，最长一处吊桥（两座桥塔间距离）长 1 100 米，耗资 11 000 多亿日元（约 84.6 亿美元）。濑户内海大桥在上层路面设有两条高速交通主道，在下层路面设有一条铁路线和一条用于新干线行驶的附带线路，将日本国内铁路和公路网络连接在一起。

跨海大桥的关键技术包括：跨海大桥混凝土结构耐久性，高风速区域跨海大桥抗风性能，地震高烈度区跨海大桥抗震特性，跨海悬索桥钢箱梁安装技术，跨海特大跨径悬索桥缆索系统关键材料，跨海大桥结构分析技术及施工控制方法等。其设计和施工往往需要因地制宜，根据所在地自然环境和交通要求进行创新。以加拿大诺森伯兰海峡大桥（联邦大桥）为例，该大桥位于加拿大的诺森伯兰海峡，桥长为 12 930 米，有效宽度为 11 米（两车道），桥下净高为 28 米（一般位置）和 49 米（航道位置），设计寿命 100 年。海峡最窄处约 13 千米，冬季气象条件恶劣，海峡冰冻封闭。在设计中对桥梁结构的最大制约条件为冰块与风产生的横（侧）向荷载。该桥梁施工中遵循尽量减少水下与海上作业的原则。主桥（跨度250米）的上部结构与下部结构都采用预制拼装构造。墩身的上部是变截面的八角形空心构造，下部设有底部直径为20米的圆锥形防冰体，防冰体的混凝土强度为100千帕。墩身预制件与墩座之间的连接部分设置有剪力键、高强度压浆以及U形预应力钢索（提供后张预应力）。梁体采用单室箱梁，主节段长度为190米，主节段的墩顶部分采用钢制A形横隔构架作为横隔梁。一系列针对性的工程设计与施工工艺，保证了较高纬度地区桥梁的耐久性，缩短了建设周期，降低了成本。

（三）海底隧道工程

海底隧道是在海底建造的连接海峡两岸的供车辆通行的隧道。海底隧道大可分为海底段、海岸段和引道3部分。其中海底段是主要部分，它埋置在海床底下，两端与海岸连接，再经过引道，与地面线路接通。通常来说建造海底隧道还要同时在两岸设置竖井，安装通风、排水、供电等设备。国外水下隧道的主要修建方法有：围堤明挖法、钻爆法、TBM全断面掘进机法、盾构法、沉管法和悬浮隧道。围堤明挖法受到地质条件的限制，且生态环境破坏严重，不经常采用。水中悬浮隧道处于研究阶段，目前还没有成功实例。水下隧道施工经常使用的方法有钻爆法、盾构法、TBM法和沉管法。

据不完全统计，国外近百年来已建的跨海和海峡交通隧道已逾百座，国外著名的跨海隧道有：日本青函海峡隧道、英法英吉利海峡隧道、日本东京湾水下隧道、丹麦斯特贝尔海峡隧道、挪威莱尔多隧道等。

在世界100多条隧道中，从发挥作用和知名度方面来说，英吉利海峡隧道（也称英法海底隧道或欧洲隧道）当之无愧为世界第一。该隧道连接英国与欧洲大陆，主要采用掘进机法修建，于1994年5月开通。它由3条长51千米的平行隧洞组成，其中海底段长度38千米，最小覆层厚度40米，是当时世界上最长的海底隧道。两条铁路洞衬砌后的直径为7.6米，中间后勤服务洞衬砌后的直径为4.8米。通过隧道的火车有长途火车、专载公路货车的区间火车、载运其他公路车辆的区间火车。隧道由英、法两国共同决策建设，决策中参考了“欧洲委员会长期运输战略”和“欧洲铁路委员会2000年欧洲高速铁路系统的建议”。1986年1月英、法政府经招投标选中CTG-FM（Channel Tunnel Group-France Manche S. A.）提出的双洞铁路隧道方案。隧道主要由私人部门来出资建设和经营，涉及英、法两国政府有关部门，欧、美、日等220家银行，70多万个股东，许多建筑公司和供货厂商，管理的复杂性给合作和协调带来了困难。该隧道的建设不仅为建设大型海底隧道积累了工程技术经验，也为跨国隧道建设的国际合作和工程组织协调提供了难得的借鉴。

日本青函隧道是目前世界已建成隧道中最长的隧道，位于日本本州岛与北海道岛之间的津轻海峡，全长53.85千米，海底部分长23.3千米，最小曲线半径6 500米，最大纵坡12‰，海底段最大水深140米。隧道为双线设计，标准断面宽11.9米、高9米，断面80平方米。隧道大大缩短了本州与北海道间的交通时间，电气化列车经隧道通过津轻海峡约需30分钟，而依靠渡轮渡海则需4个小时。青函隧道工程水文地质条件很差，岩石破碎松软，岩脉纵横穿插。隧道在设计和施工过程中解决了地质条件探明、灌浆处理高压涌水、耐海水侵蚀衬砌材料和防渗处理、高速掘进施工法缩短工期、高效率的通风和排水措施、快速经济的混凝土喷射和锚固等一系列关键技术问题。这些技术对修建海底工程有着普遍的借鉴意义。

（四）海岛开发与保护工程

长期以来，国际组织积极推进海岛开发与保护行动。1973年联合国教科文组织制定了有关海岛生态系统合理利用的“人与生物圈计划”。1992年联合国世界环境与发展委员会会议通过了《21世纪议程》，“小岛屿国家的可持续发展”为其重要内容。1994年又通过了《小岛屿发展中国家可持续发展行动纲领》，要求各国采取切实措施，加强对岛屿资源开发的管理。在联合国和沿海各国政府的推动下，海岛开发与保护工程建设在全球范围内迅速推进，取得了巨大成效。

1. 对外开放推动海岛开发工程建设

通过对外开放吸收外国资本投入海岛开发，是很多国家推动海岛经济发展的重要途径。从20世纪末开始，美国就实施了包括“海岛纳入联邦贸易行动项目”等的一系列行动。通过给予海岛宽松的税收政策促进海岛对外开放，以吸引投资者、发展新产业和创造就业机会，从而推动了美国海岛经济和社会的发展；印度尼西亚出台了包括减税在内的一系列优惠政策，对外资开放100个岛屿，建成了一批国际知名海岛旅游和度假产业基地；

1980 年起，马尔代夫依靠国外资金援助，制定了海岛开发计划，根据不同岛屿的具体情况，拟订了不同的政策措施和相应的开发时间、规模和方式。事实证明，马尔代夫颇具特色的海岛开发模式取得了极大成功，被称为海岛开发的“马尔代夫模式”。

2. 海岛旅游促进海岛开发工程发展

目前，全球海岛旅游发展迅速，很多海岛地区已成为世界著名的旅游目的地。世界上著名的海岛旅游胜地主要分布在热带、亚热带的 4 个区域上。① 地中海沿岸，西班牙巴利阿里群岛、法国科西嘉岛、意大利卡普里岛和马耳他岛等；② 加勒比海沿岸，墨西哥坎昆、巴哈马群岛和百慕大群岛等；③ 大洋洲区岛屿，美国夏威夷群岛和澳大利亚大堡礁等；④ 东南亚岛屿，新加坡，泰国普吉岛、攀牙，马来西亚迪沙鲁、槟榔屿，菲律宾碧瑶和印度尼西亚巴厘岛等。这些海岛虽然资源条件各异、面积大小不同，但经过所属国家的周密规划、大力建设和政策支持，海岛旅游开发蓬勃发展，成为世界著名的旅游度假胜地，在促进当地社会和经济发展方面取得了很大的成功。

3. 生态岛建设卓有成效

为加强对海岛生态环境的可持续开发利用，保障海岛经济社会健康发展，加拿大爱德华王子岛、韩国济州岛和美国纽约长岛等启动了生态岛建设工程，取得了显著的经济和社会效益，成为全球海岛开发利用的成功典范。爱德华王子岛以“水清、气净、土洁”的良好生态环境而著称，其成功经验体现在 3 个方面：法律保障完备、科技支撑体系发达、环保文化深入民心。韩国通过加强规划、提供优惠政策等措施使济州岛成为举世闻名的旅游度假、国际会议基地。美国纽约长岛则通过完善的交通网络、立法保护环境、建立发达的科研教育系统和科研机构等措施，发展成为集高端住宅区、科技研发区和生态旅游区为一体的现代生态岛。

4. 海岛作为军事和科研基地发挥独特作用

一些国家充分利用海岛独特的地理位置和自然环境特征，大力进行军事工程设施建设，其中以美国最为典型。利用威克岛特殊的地域位置，美国政府通过军用投资建设，使威克岛成为檀香山和关岛之间航线的中转站和海底电缆的连接点、弹道导弹试验基地、空军补给站。20 世纪 50 年代和

60年代，约翰斯顿岛曾为核武器试验区和飞机加油站，到2000年成为美国化学武器的储存及处理地。早在20世纪60年代末，美国就在印度洋查戈斯群岛中最大的岛屿迪戈加西亚岛上建起了军事基地。该岛的大型天然良港可供第五舰队航母停靠，美军军舰可借此掌握控制印度洋的主动权，并可抵达红海。美国还利用无居民海岛建设了一批科研基地工程，发挥海岛的科研价值。帕迈拉礁拥有完整的生态系统，科研价值非常高，被气象学家视为观察全球气候变迁的理想地点。豪兰岛和贝克岛是美国国家野生动物保护体系的一部分，由美国内政部的鱼类和野生动物服务机构负责管理，只对科学家和研究人员开放。

二、面向2030年的世界海陆关联工程发展趋势

（一）沿海产业涉海工程规划管理水平不断提高

进入21世纪以来，国际上以提高海洋空间管理科学化水平和海洋资源开发与保护效率为主要目标的海洋管理手段日趋完善，以海洋空间规划为代表的海洋管理制度逐步走向成熟。海洋空间规划（marine spatial planning，MSP）包括沿海地区、海洋港口区，以及相关海域在内的海洋、陆地资源和空间范围，通过产业协调和空间协调，促进和实现海陆资源的可持续利用，因此应该理解为海陆经济发展的统筹规划。区域性MSP主要是一个未来决策框架。通过一系列明确的功能，为海岸带和海洋综合管理提供框架。用以协调海洋空间利用、海洋资源开发和海洋环境保护的关系。

1. 欧洲海洋空间规划实践

欧洲MSP通常被认为是发展环境规划的基本组成部分。起初，MSP这个创意是在发展海洋保护区（Marine Protected Areas，MPAs）中受国际、国内各方利益刺激而产生的，现在MSP更主要管理海洋空间的多种用途，特别是在使用冲突已经相当明显的区域。

欧洲委员会在2007年10月出版了《欧盟综合海洋政策》，将海洋空间规划列为振兴海上欧洲的重要内容，并制定了规范国际、国家、地区等不同层次的海洋管理和海洋产业布局的政策法规体系。

1978年，荷兰、丹麦、德国为协调瓦登海（Wadden Sea）保护而通过了“瓦登海计划”。通过条约和利益集团参与而获得的相关权利，这3个国

家分别实行计划并开展合作，在合作框架内设置了最高层次的决策机制。在两次政府会议期间，由各级政府官员和有关专家组成的三方组织，平均每年召开 3 ~4 次会议。

另外，欧盟还采用科学、客观的评估方式推进海岸带综合管理。委托 Rupprecht 咨询公司和马耳他国际海洋机构联合组成第三方评估机构，对该项工作进行了全面评估。通过问卷调查和数据测算，评估各国执行情况，对执行不力国家进行“曝光”。

2. 美国海洋空间规划实践

美国于 21 世纪初期实施了基于海洋带综合管理的海洋空间规划。2010 年 7 月，美国正式发布《美国海洋政策任务最终报告》，特别强调了推进海岸带与海洋空间规划的对策措施。各沿海州也先期开展较详尽的海岸带与海洋空间规划，以协调沿海产业的发展与生态保护的关系。

（二）现代化沿海港口体系日趋完善

1. 港口泊位深水化成为国际航运发展趋势

近年来，船舶出现了大型化发展的趋势。远洋航线上的国际集装箱班轮向第五、第六代发展，满载吃水最小在 12 米以上。这对港口的深水泊位和深水航道建设提出了迫切需求。为了适应该形势，各主要大港不断扩建大型深水泊位，满足第五、第六代集装箱船的要求。

2. 高效的集疏运体系成为现代港口的显著特征

多模式综合运输码头是提高码头作业效率的重要途径。集多种交通运输方式于同一个码头，是当今码头规划建设的方向。以鹿特丹港为例，其最大的特点是储、运、销一条龙，先通过一些保税仓库和货物分拨中心进行储运和加工，提高货物的附加值；再通过公路、铁路、河道、空运、海运等多种运输路线，将货物送到荷兰乃至欧洲其他目的地。高效物流体系还对码头服务全面提升和新技术研发与应用提出了更高的要求。

3. 以国际航运中心为目标的综合发展成为现代大港发展的必由之路

以荷兰鹿特丹港为例，该港口凭借莱茵河完善的交通运输网络，建立港口物流园区和国际航运中心。充分运用临港优势，大力发展临港工业（造船业、石油加工、机械制造、制糖和食品工业等）。这成为鹿特丹保持其在欧洲主要港口地位、增强城市经济实力、扩大影响力的重要战略方针之一。

4. 资源节约与环境保护意识持续增强

各国采取了一系列的节能对策和措施。以美国为例，其节能政策法规分为两类：①强制性要求，如美国洛杉矶港推行了靠泊船舶必须强制使用岸电的要求，就是一项有代表性的强制性节能和环保措施；②通过经济措施鼓励用户使用更高能源效率标准的产品。如各码头公司普遍使用具有节能标识的节能灯具，不仅是企业的自觉行为，也得到政府的财政激励。

5. 港口运营管理模式不断创新

欧洲港口采取了市场化港口管理模式，有效地调动了多方积极因素，促进了港口物流的发展。汉堡港、鹿特丹港、安特卫普港都实行了“地主港”模式，即港口管理部门负责建立法律法规、建设港口基础设施、管理港区土地、监控船舶动态、监管市场秩序等，而货物装卸、存储、物流等业务则完全由私营公司来经营。鹿特丹港务局成立了鹿特丹枢纽港控股公司对外有限公司。通过公司参与内陆码头和腹地交通网建设，积极发展临港产业。

（三）跨海通道技术发展迅速

1. 跨海大桥正在向着大型化和深水化方向发展

与内陆桥梁相比，跨海大桥具有以下特点：桥梁跨度长，工程量大；施工建造条件复杂；桥梁维护困难，强度耐久性要求高；设计施工受近海航道和海洋环境的影响；需要量身制作采用全新技术。以上特点对跨海大桥的设计和施工技术提出了新的要求。跨海大桥的建造主要分以下几个步骤：根据实际地形以及跨度需求确定桥梁型式和几何构造；计算设计载荷、确定设计方法、材料强度需求及安全系数、结构分析、疲劳设计、使用耐久性分析等多方面因素综合评估。当前，在跨海大桥大型化和深水化的发展过程中，桥梁跨度、抗风能力、耐久性、新材料应用等技术发展迅速，重要指标不断被刷新。与国外相比，我国近年来对跨海大桥新技术的贡献正在不断加大。

2. 海底隧道工程技术趋于成熟

海底隧道不同于陆地上的隧道工程，也不同于跨江河的水下隧道。相对而言，有以下一些主要特点：① 在广阔的深水下进行地层地质勘察比在陆地上更困难，造价更高，而准确性较低。② 在海峡海底隧道的设计中，合理地确定隧道的最小岩石覆盖层厚度十分重要。③ 需要对海底隧道覆盖层的渗透特性和渗水形式进行详细调查研究。④ 为了保证隧道施工的安全，需要在隧道或导洞的掌子面进行超前探测钻孔和超前注浆。⑤ 海底隧道衬砌上的作用荷载，与陆地隧道有很大的不同。⑥ 海峡海底隧道在隧道线路上布置施工竖井的可能性很小，连续的单口掘进长度很长，从而对施工期间的通风、运输等后勤工作提出了特殊要求。因此，选择合理的、快速的掘进方法和掘进设备，是直接关系到工期和投资的关键问题。随着海底隧道工程经验的不断积累，海底隧道工程技术趋于成熟，主要表现为新技术不断应用、施工周期缩短、安全性提高和单位长度造价有下降的趋势。

3. 跨海通道耐久性引起更大关注

跨海大桥、海底隧道投资大，建造困难，所处的海域自然环境较内陆地区相对恶劣，对项目运行的耐久性提出了严峻挑战。从世界各国早期建造的跨海大桥实例来看，跨海通道耐久性问题正在引起广泛的关注。1987年，美国有25.3万座混凝土桥梁存在着不同程度的劣化，平均每年有150～200座桥梁部分或完全倒塌，寿命不足20年，修复这些桥梁需要900亿美元。1992年，英国宣布禁止在新建桥梁中使用管道压浆的体内有黏结力筋的后张结构。海底隧道由于发展较晚，耐久性问题尚未完全显现，但该问题仍不容忽视。

耐久性的提高是桥梁技术进步的重要标志之一。20世纪后半叶，发达国家从设计理念、材料选择、结构分析等方面对跨海通道工程耐久性给予更大关注，如加拿大的诺森伯兰海峡大桥、丹麦的大贝尔特海峡大桥、日本的本四联络桥等设计寿命长达100年，美国的奥克兰跨海大桥设计寿命达到150年。

（四）可持续的海岛开发与保护模式逐步确立

1. 高度重视海岛生态环境保护工程建设

海岛生态环境是海岛开发利用的物质基础，丧失良好的生态环境，海岛的经济开发价值就不复存在。基于这种考虑，当前很多国家在开发利用海岛资源时，尤为重视海岛生态环境的修复与保护。从绿色经济、循环经济的视角，发展与海岛资源环境相适应的特色产业。例如，日本丰岛、希腊圣埃夫斯特拉蒂奥斯岛通过实施生态环境保护工程，取得了良好的治理效果。

2. 提高海岛基础设施建设的现代化程度

基础设施落后是海岛开发与保护的最大制约因素。很多国家都对系统推进海岛基础设施建设给予了极大的关注，加大投入，改善了海岛的生产生活条件。具体措施包括：构架岛屿与大陆及岛际间的现代化立体交通网络，特别注重小型机场和海岛隧道建设；建设配套的接线公路，完善岛内路网结构，改善岛上交通条件；建设风电场、海水淡化厂，加强电网、供水网建设。推进海岛生产生活基础设施的现代化。

3. 发展旅游业成为海岛开发的基本方向

海岛处于海陆相互作用的动力敏感带，地理环境独特，生态环境较为脆弱，自我补偿和修复机制弱，环境承载力低。由于海岛旅游资源丰富而独特，旅游业对环境影响相对较小，市场前景广阔，因此发展海岛旅游产业成为国际海岛开发利用的主要方向，而选择低碳方式则是促进海岛旅游可持续发展的基本趋势。例如，韩国济州岛提出了“全球环境资本”的口号，将低碳经济作为发展远景。海岛历史文化资源也是各国海岛旅游开发的重点。如西班牙开发了包括塞法尔之旅（犹太文化）、城堡游、葡萄酒之旅、艺术之旅、民间建筑之旅、美食之旅等在内的文化旅游路线；夏威夷着重开发波利尼西亚文化，还专门打造了蜜月度假游等特色产品。总之，深度开发海岛特色资源，成为推动海岛可持续开发利用的重要路径。

（五）沿海工程防灾减灾体系正在加强

1. 防灾减灾技术不断发展

目前，国际沿海防灾减灾科技发展呈现如下特点：①防灾减灾战略做出重大调整。国际上正在由减轻灾害转向灾害风险管理，由单一减灾转向综合防灾减灾，由区域减灾转向全球联合减灾。提高公众对自然灾害风险的认识成为防灾减灾工作的重点之一。②强化自然灾害的预测预报研究。关注海洋灾害对工程灾害链的形成过程，重视灾害发生的机理和规律研究，加强早期识别、预测预报、风险评估等方面的科技支撑能力建设。③构建灾害监测预警技术体系。利用空间信息技术，建设灾害预测预警系统，实现监测手段现代化、预警方法科学化和信息传输实时化。④加强灾害风险评估技术研究。制定风险评估技术标准和规范，应用计算机、遥感、空间信息等技术，建立灾害损失与灾害风险评估模型，完善综合灾害风险管理系统。

2. 对防灾减灾的重视不断加强

以沿海核电站防灾减灾为例，福岛事故发生后，世界主要核电国家及机构给予了高度关注。针对地震、火灾和水淹等外部事件，美国核管会发布《21世纪提高反应堆安全的建议》，要求执照持有者再次评估和升级每个运行机组抵抗设计基准地震和洪水灾害的必要系统、部件和构筑物；作为长期审查，建议对地震引发火灾和水淹的预防和缓解措施进行评估。法国核安全局（ASN）在《补充性安全评估最终报告》中认为，核电站如要继续运营，有必要在现有安全的基础上加强应对极端情况的能力，以应对类似日本大地震和海啸的灾害。英国在《国家总结报告》中建议：英国核行业应该着手验证英国核电厂的洪水（海啸）设计基准和冗余，以决定是否有必要在今后的新建机组和已建机组安全审查大纲中增加厂址洪水风险评估内容。同时要求在电站布局、构筑物、系统和部件设计中考虑极端外部事件的影响。

各国核管会建议了下一步的行动。例如，美国核管会的建议包括：地震和洪水灾害的再评估；地震和洪水防护情况的现场巡视；全厂断电事故的管理行动；每10年确认一次地震和洪水的灾害；加强预防和缓解地震引起的火灾和洪水的能力；加强其他类型安全壳的安全性，设计可靠的排放卸压功能；安全壳内或厂房内的氢气控制和缓解。法国核安全局认为在后续运营过程中，需要在合适的时间内提升核安全裕度和多样性，以应对极限工况；通过设置“核心机制”（包括设施和组织机构），保障在极端工况下的核安全。

3. 防灾减灾投入不断加大

随着各国加强对沿海防灾减灾的重视，对沿海防灾减灾工程设施的投入不断加大。以核电大国日本为例，在地震海啸事故发生后，决定投资建设“日本海沟海底地震海啸观测网”，增强对地震海啸的预警预测能力。观测网由日本防灾科学技术研究所负责建设。在房总近海、茨城和福岛近海、宫城和岩手近海、三陆近海北部和北海道的十胜和钏路近海敷设总长 5 000 千米的海底光缆。每隔约 30 千米设置一套观测装置，埋设深度最深为水面以下 6 000 米左右，光缆嵌入 154 个地震和海啸观测单元。观测网能够在地震发生数分钟后准确掌握即将到来的海啸高度，亦可对东北海域全境地震进行监测。在预防临震精度上，据防灾科学技术研究所推算，海啸发生后，新观测网探知海啸的时间将比建成前早约 20 分钟；如果近海发生地震，新观测网探测到地震波也比陆地地震观测网早 20 ~ 30 秒。

总的来说，不论是在沿海核电安全管理，还是在其他重大沿海工程防灾减灾方面，我国的经验都相对不足。鉴于此，认真吸收借鉴国际经验教训，对于提高我国沿海重大工程安全管理与防灾减灾，无疑具有很大的助益。

三、国外经验教训

（一）发展海陆关联工程要充分考虑经济发展的阶段性需求

发达国家 100 多年来海陆关联工程发展历史表明，在经济社会发展的不同阶段，海陆关联工程的发展存在显著差异。总的来说，在一个国家（地区）农业经济占主导地位的时期，海陆关联工程的发展水平不高；工业化、城市化时期，对港口、填海、桥隧等海陆关联工程的需求大大增加，带动海陆关联工程大发展；工业化、城市化完成后，海陆关联工程向深远海开发和环境保护方向发展。

以欧洲海陆关联工程发展为例，在 18 世纪工业革命以前，欧洲海陆关联工程一直以渔港、小型商港为主，也修建了少量海岸防御和防灾减灾设施。18—19 世纪，工业革命浪潮推动了港口、海堤、桥梁等近代沿海基础设施的大发展。进入 20 世纪以来，国际贸易的繁荣、滨海城市带的出现、沿海重化工业的发展，使海陆关联工程的发展达到顶峰。20 世纪 70 年代，欧洲后工业化时代到来，人口增长的放慢，对生产领域海陆关联工程的需求有所下降，海陆关联工程的发展重点向环境修复和保护方向转移。进入 21 世纪以来，服务深远海资源开发和海洋新兴产业的海陆关联工程发展加快。

有必要借鉴国际发展经验，在分析我国经济发展长期趋势的基础上，对海陆关联工程的长期需求进行科学预测，建立相应的规划体系，制定发展路线图，实现我国海陆关联工程的科学有序发展。

（二）发展海陆关联工程要完善利益相关方参与协调机制

海陆关联工程在规划设计、筹资建设、使用维护等各个环节涉及各级政府、各类企业和不同公民群体。海陆关联工程要最大限度地发挥经济社会效益，也必须依靠各个利益相关方共同参与，这就需要建立和完善一定的参与协调机制。在海洋生态环境保护与修复、沿海港口体系建设、沿海通道建设等领域，利益相关方的充分参与显得尤为必要。

欧洲在海陆关联工程发展中非常重视利益相关方的参与。欧盟在实施海洋空间规划的过程中，专门建立了一系列参与协调机制，确保了有关工程布局的科学性和实施的有效性。其主要经验有：① 建立国际、国家、沿海地方相协调的法律与政策框架体系是优化沿海工程布局，实现海岸带可持续发展的基本前提。② 利益相关者分析与整合是避免沿海工程重复建设和不合理布局的内在机制。③ 依靠科学的现代化手段，进行跨行业、跨地区规划协调，是解决上述问题的现实工具。④ 提出具有共同价值取向的目标和对策是引导解决现实问题的基本导向。⑤ 工程技术专家与战略咨询专家共同努力是推进问题解决的必要保障。

我国现阶段，沿海地方竞争性开发格局在推动我国海陆关联工程大发展的同时，也埋下了无序发展和过度开发的隐患。如何在保持地方积极性的同时加强中央调控，形成科学开发海陆关联工程的体制机制，这是当前我国海陆关联工程发展中最迫切需要解决的问题。借鉴欧、美等发达国家构建利益相关方参与协调机制的经验，结合我国国情，建立完善的中国特色海陆关联工程规划、建设和运行机制，是促进我国海陆关联工程科学有序发展的有效途径。

（三）发展海陆关联工程要高度重视对生态环境的长期影响

海陆关联工程具有工程规模大、使用寿命长的特点，往往会使周边陆域或海域自然特征发生重大改变，这在港口建设、航道疏浚、围填海、海岛开发等工程领域表现得更为突出。海陆关联工程在使用期间不仅长期影响和改变着周边自然环境，同时也必然承受周边自然环境的影响和检验。这就要求在规划、设计、建设海陆关联工程时，必须充分考虑工程与自然环境的相互作用，高度重视工程对生态环境的长期影响。

日本实施围填海工程经验教训足以为我们所借鉴。日本国土狭小，人口密度大，土地资源严重不足。过去的100多年，日本通过填海向海洋索取了大量土地，其沿海城市约有1/3的面积都是通过围填海获取的。借助填海造地，日本在太平洋沿岸形成了一条长达1 000余千米的沿海工业带，修建了一些重要的海陆关联工程，如著名的神户人工岛工程和大阪关西国际机场工程。但是，大规模填海也产生了严重的环境影响。1946—1978年间，日本全国沿海滩涂减少3.9万公顷，近海生态严重破坏，一些近岸海域经济生物消失，赤潮泛滥。为改善修复近海生态环境，日本相继在濑户内海等海域启动了海洋资源修复工程，并取得了一定成效。

我国大规模开发建设海陆关联工程的历史比较短，很多大型工程及相关技术的长期环境影响还不十分明确。有必要吸收借鉴发达国家经验教训，加强对代表性工程环境影响的研究，积累开发经验，发展适用技术，增强海陆关联工程的环境友好性。

第四章　我国海陆关联工程与科技面临的主要问题

一、工程发展的协调性和系统性不强

新一轮沿海开发浪潮带动了海陆关联工程的快速发展。近年来，沿海各地方先后出台和实施了一系列以发展海洋经济为核心（或特色）的区域经济发展规划，且多数经中央批准上升为国家级发展战略。但是，与发达国家相比，我国海洋经济发展的总体战略目标还不明确，系统性较差，对陆海统筹、发展路径、区域协调、国际合作等重大战略缺少整体部署。从发展实践来看，各地规划和发展的部分海洋产业和涉海产业，在全国层面上存在一定的产业布局同构现象。与之相对应的是，各地实施的一系列涉海重大工程，也在一定程度上存在功能重复、布局散乱等问题。这种产业同构竞争与工程重复建设现象，既占用了宝贵的海岸带空间，也对沿海生态环境带来巨大压力，不利于海洋经济的可持续发展。

目前我国尚未建立针对涉海重大工程的规划体系，中央应对地方海陆关联工程竞争性开发的调控手段还比较薄弱，有必要针对我国现阶段国情，着手建立和完善海陆关联工程规划体系，强化调控机制的顶层设计，增强海陆关联工程发展的协调性和系统性。

二、各层次、各领域工程发展不平衡

个别领域存在过度开发的隐患。港口、跨海通道、大型储运设施等海陆关联工程对海洋交通运输、沿海物流、造船、石油化工、钢铁等产业，以及对外出口加工相关产业的发展，有较大的支撑作用。但是，随着国际经济格局的变化，我国依靠投资和出口拉动的经济发展模式正在逐步向扩大内需转变，沿海经济和对外贸易高速增长的趋势有可能放缓。港口、造船等产业已经出现产能过剩的苗头，继续保持大规模的投资建设，很有可能造成新一轮的过度投资。填海工程与海岛开发工程为沿海城市新区和临港工业区的发展提供了宝贵的空间资源。但是，由于大规模填海工程环境影响的不确定性，应当从中央层面从严予以调控，最大限度地减小对环境的长期负面影响。

服务民生的海陆关联工程仍有待加强。在一些偏远地区、特别是海岛地区，基础设施仍不完善。主要表现在：海岛淡水资源短缺，现有供水设施难以满足需要；陆岛交通运输条件有待改善，岛内公路布局不合理，技术等级低、抗灾能力弱；供电能力不能满足经济社会发展的需要；市政公用设施亟待完善，城镇生活污水处理、垃圾处理等设施建设滞后，交通、供排水等设施建设标准较低。需要进一步加大投资，逐步改善。

三、支撑陆海统筹的能力不足

我国海陆关联工程绝大部分分布在海岸线周边区域，其功能主要是为沿海陆域和近海开发提供基础设施支撑。海洋开发活动过度集中于海岸带和近岸海域，已经造成海岸带开发过度拥挤与近海环境质量下降，而对深海大洋的开发相对不足。海陆关联工程发展总体上表现出“海岸带和近海开发趋于饱和，深远海开发不足”的状况。

我国海洋经济活动在空间分布上的不平衡是产生上述问题的重要原因之一。我国海洋资源和空间开发利用的重点主要集中在海岸带附近，对离岸海域、特别是深海大洋的资源开发重视不够、投入不足。如果将海洋经济按照所开发利用资源的空间分布划分为海岸带经济、专属经济区经济和远洋经济3种类型，以主要海洋产业增加值计算，目前我国海岸带经济占海洋经济比重达70%以上，而深海大洋经济不足10%，与欧、美、日等海洋强国相比还存在较大差距。

深海大洋开发潜力巨大。我国要实现海洋强国战略，必须突破近海，走向深远海。这就需要针对性地规划和建设面向深海大洋开发的海陆关联工程体系，为我国海洋经济向深海大洋挺进提供有力支持。

四、工程技术和管理水平有待提高

重要工程领域的关键技术亟待突破。近年来，我国海陆关联工程的总体技术水平提升较快，但一些重要工程领域的关键技术还比较薄弱。例如，深海大洋开发要依托远离大陆岛屿（或人工岛）建设综合性保障基地，这就需要对离岸深水区域大型工程相关技术进行集中探索和试验，掌握能够满足深海大洋开发需要的施工模式与技术体系，开发适宜不同类型岛礁和海域的关键工程技术。包括各类人工岛、海上平台、浮岛技术；海岛综合水电供给技术等。此外，我国在海岛保护工程技术、近海生态环境修复工程技术等方面，与国际先进水平还存在较大差距，有必要启动试验与示范工程，下大力气予以突破。

海陆关联工程的配套体系还不完善。这一现象在港口建设中最为明显。近年来我国港口通过能力迅速增长，但港口发展空间普遍不足。欧洲的鹿特丹港、汉堡港面积都超过了 100 平方千米，而我国上海洋山港、青岛前湾港的港区面积只有 10 多平方千米，仅能勉强满足装卸、堆场、泊船的需要，拓展物流、加工、贸易等功能受到较大制约。我国港口的集疏运体系还不完善，在公路、铁路和水路 3 种集装箱集疏运方式中，公路占 80% 以上，水路约占 10%，铁路仅占 2% ~3%，铁路在集疏运体系中的作用未得到充分发挥。港口发展重规模、轻效益，港口间竞争有余、合作不足，腹地及空间资源浪费严重。上述种种问题说明，配套体系发展滞后于海陆关联工程发展，对海陆关联工程发展形成了制约。

五、对生态环境的影响需引起重视

我国大规模开发建设海陆关联工程的时间较短，对大型涉海工程长期环境影响的研究比较薄弱，经验相对不足。近年来各地海陆关联工程实施过程中，一些工程的不当规划、设计和施工，已经对我国沿海和近海环境带来了一定的负面影响。包括：围填海工程数量和面积增长过快，自然海岸线大量消减，近海海域环境水平下降，部分地区沿海湿地、红树林等自然景观遭到破坏。这不能不引起我们的高度关注。

以海岛开发为例，一些地区片面注重追求海岛经济发展，忽视了社会、环境和生态的协调，采取掠夺性的资源开发模式，造成了严重的生态环境问题。主要表现有：随意在海岛上开采石料、破坏植被、损害自然景观和天然屏障；随意修建连岛大坝，破坏海洋生态系统；任意在海岛上倾倒垃圾和有毒有害废物；一些地方滥捕、滥采海岛珍稀生物资源，致使资源量急剧下降，甚至濒临枯竭。不仅如此，近年来炸岛、采石、砍伐和挖砂等严重改变海岛地形、地貌的事件时有发生，致使海岛数量不断减少。“908专项”海岛海岸带调查表明，近十几年来我国已有806个海岛彻底消失，个别领海基点岛有消失的危险。

六、防灾减灾和安全管理体系尚需完善

我国沿海地区经济发展和人口聚集的趋势仍将延续。沿海自然灾害和人为事故对经济社会发展造成重大损失的风险正在加大。近年来，沿海重大工程的自然灾害和人为事故表现出点多面广的特点。目前沿海防灾能力总体上仍比较低，而沿海重大工程正处在全面建设的高潮期，总体防灾形势十分严峻。特别是随着沿海涉核、涉油大型工程设施相继建设和投入使用，未来涉海自然灾害和事故对沿海地区环境与安全的潜在影响将更加突出，防灾减灾任务更加艰巨，现有防灾减灾体系面临重大考验。

海陆关联工程的防腐蚀问题尚未引起足够重视。海陆关联工程所采用的建筑结构一般为钢结构和钢筋混凝土结构，这些结构物一般处在海洋大气区、浪花飞溅区、潮差区和全浸区这几个区域，长年遭受高浓度氯离子、硫酸根离子等的侵蚀，极易发生腐蚀破坏。腐蚀会造成巨大的经济损失，美国许多城市的混凝土基础设施工程和港口工程建成后不到二三十年，甚至在更短的时期内就出现卤化；我国20世纪90年代前修建的海港工程一般使用10~20年，就出现钢筋锈蚀的严重问题。美国2001年发布了第七次腐蚀损失调查报告表明，1998年美国因腐蚀带来的直接经济损失达2 760亿美元，占其GDP的3.1%。据此推算，2012年我国因腐蚀造成的经济损失至少为1.5万亿元（人民币）。如果采取合理有效的防护措施，25%~40%的腐蚀损失是可以避免的。1998年美国报道，钢筋混凝土腐蚀破坏的修复费用，一年要2 500亿美元。其中桥梁修复费为1 550亿美元，是这些桥初建费用的4倍。我们应当高度重视混凝土构筑物的耐久性和使用安全问题，避免在工程建设后期大规模修复问题，更要避免发达国家出现的用于修复工程的花费远远超过初建费用的问题。

七、我国海陆关联工程发展水平与国际水平的比较

与国际先进水平比较，我国海陆关联工程发展的主要不足表现在以下几个方面（图 1－4－1）。

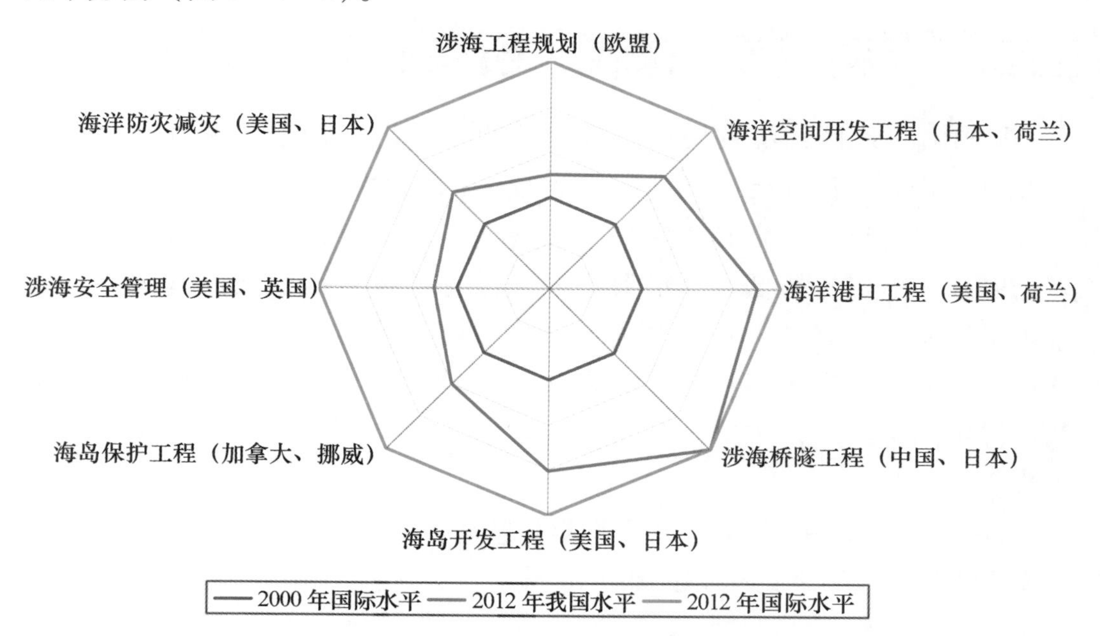

图 1－4－1　我国海陆关联工程（2012 年）的发展水平与国际水平的比较

（1）沿海产业与涉海工程布局协调性较差，涉海重大工程在一定程度上存在功能重复、布局散乱等问题，对沿海地区可持续发展造成了不利影响。海洋空间开发布局不科学，海岸带开发趋于饱和，对近岸海域生态环境带来较大压力，而深远海空间开发工程发展滞后。

（2）海岛开发与保护的总体水平亟待提高。海岛开发基础设施不完善，海岛供水、供电、交通、市政等公共设施建设相对滞后。海岛生态环境保护技术及经验缺乏，海岛生态环境保护工程投入不足。深远海岛礁工程发展不能满足国家海洋权益维护的需求。

（3）港口建设发展较快，但综合配套相对薄弱。港口发展空间不足问题比较突出，影响港口长期的竞争力。海陆联运集疏体系不完善，铁路、公路和水路运输协调发展的格局尚未形成。港口规划和经营管理水平不高，以分工合作为主要特点的区域化港口体系尚未形成。离岸深水港建设还不

能满足未来发展的需要。

沿海防灾能力总体上仍比较低，防灾减灾任务更加艰巨。沿海重大工程防灾减灾科技基础性工作薄弱，综合防灾减灾关键技术研发与推广不够，灾害风险评估体系不完善，沿海重大工程防灾减灾经验相对不足。

综合来看，当前国内的涉海工程规划体系、涉海安全管理、海洋防灾减灾、海岛保护工程相对落后，仍处在或略高于国际2000年的发展水平；海洋空间开发工程、海岛开发工程与当前国际领先水平相差5~10年，只有涉海桥隧工程、海洋港口工程接近或达到国际先进水平。

第五章 我国海陆关联工程与科技发展的战略定位、目标与重点

一、战略定位与发展思路

（一）战略定位

海陆关联工程是统筹海陆发展的基础性工程，是国家海洋权益维护、海洋资源开发、海洋环境保护和海洋综合管理的重要保障。海陆关联工程建设应着眼于海洋强国战略，以陆海统筹为根本原则，国家海洋权益维护为导向，海洋资源开发为目的，海洋环境保护为基础，科技创新支撑为手段，全面提升国家海洋工程水平，保障陆海经济协调和可持续发展。

（二）战略原则

1. 战略引领原则

坚持以科学发展观指导下的海洋强国战略为总体引领，通过法规制定、政策引导、科技支撑、工程实施等措施，建立符合发展需要的涉海工程发展与布局体系。调整不合理的工程布局，有序规划和建设涉海工程体系，克服个别地方、个别行业在涉海工程建设中的短期和非科学行为。

2. 陆海统筹原则

全面提升海陆并重开发与保护的意识，彻底扭转“重陆轻海”、“以陆定海”的思想观念，通过精细化、立体化规划海域（海面、水体、海底）的区域功能，协调海陆工程关系，实施海陆复合型整体空间规划，实现工程项目的陆海统筹布局。

3. 科技支撑原则

充分发挥科学技术在海陆关联工程发展中的重要作用。针对未来海洋开发、特别是深海大洋和极地开发的重大需求，全面提升项目规划建设的

科学水平，重点突破关键技术“瓶颈”，立足现有工程技术基础，大力发展海陆关联工程技术集成，积极推进海陆关联工程技术创新。

4. 工程推进原则

按照涉海重大工程项目“系统集成”原则，统筹海陆软硬件工程建设，通过分类和分区实施，全过程监督和协同管理，制定相应的海陆关联工程规划、建设和管理方案。通过项目建设提高工程技术保障能力，发挥工程技术对区域涉海产业和重大项目的支撑作用，为我国深远海重大工程开发积累经验。

5. 环境友好原则

按照可持续发展要求，坚持开发与保护并重的发展理念，统筹兼顾海陆关联工程实施的经济效益、社会效益与环境效益。在海陆关联工程规划和建设中，充分考虑涉海工程项目的利益相关者，尤其注意约束强势部门和地方利益主体，维护弱势群体权益，保护海洋生态环境，特别要建立利益相关者在政策制定和项目规划过程中的参与机制。

（三）发展思路

贯彻落实科学发展观，围绕海洋强国发展战略，以海洋权益维护和海洋资源开发为导向，海洋生态环境保护为基础，充分借鉴国内外陆域工程建设和海洋开发保护的经验和教训，清醒认识我国涉海工程建设所面临的发展挑战和历史自然条件，统筹兼顾沿海、近海、远洋开发特点与沿海经济发展多层次需求，科学规划与建设海陆关联工程，构建具有强大科技支撑和政策保障的国家海陆关联工程体系。

二、战略目标

（一）2020 年目标

根据全面建设小康社会和海洋强国战略初级阶段要求，初步建立全国性、多层次的海陆关联工程规划体系。涉海重大工程规划框架基本形成，沿海重要交通基础设施建设取得阶段性进展，重点海岛开发与保护工程发挥示范性作用，南海岛礁权益维护和资源开发取得一定成效，沿海核电站等重大设施防灾减灾体系建设启动。

（二）2030 年目标

海陆关联工程规划体系进一步优化，在陆海统筹发展中的作用开始凸显。面向海洋专属经济区开发与保护的信息化、工程化网络基本建立，开始在深海远洋资源开发中发挥重要作用。涉海产业布局持续优化，涉海重大工程建设有序推进，海岛开发与保护工程在全国范围内由点及面向纵深推进，涉海交通网络基本形成，沿海重大设施安全和防灾减灾水平全面提高。

三、战略任务与重点

（一）总体任务

根据海洋强国战略要求，从规划、建设和管理等方面着手，全面推进海陆关联工程发展。按照不同阶段的目标要求，逐步推进从沿海到深海大洋、从示范试点到全面铺开、从单一工程到复合工程的海陆关联工程体系建设。重点在沿海产业涉海工程布局、海陆物流联运工程、海岛开发与保护工程、沿海重大防灾减灾工程等领域加强海陆关联工程建设，为海洋强国战略提供坚实的工程基础。

（二）近期重点任务

1. 沿海产业涉海工程规划

（1）协调和提升现有沿海产业发展与布局规划。在整合已有国土空间规划、海洋功能区划、海洋经济规划的基础上，制定和修编主要海洋产业及涉海产业规划，使其纳入海岸带和海洋空间规划协调范畴。

（2）建立面向近海及专属经济区海域的海洋空间规划。重新审视已有沿海省、市、自治区国家战略，结合山东、浙江、广东等海洋经济发展示范，借鉴国际经验筹划启动国家层面的海岸带与海洋空间规划试点。

（3）构建层次分明的海陆关联工程规划体系。学习借鉴深空探测基地建设全国布局经验，面向中长期海洋强国战略，优先建设深远海勘探开发和极地科考相关重大工程项目，并对工程布局进行系统规划；针对不同海域的资源禀赋与环境特点，建立具有针对性和前瞻性的海陆工程服务体系；集约利用和规模化开发近海资源，注意保护自然岸线及近海生态环境，杜绝低层次重复建设；慎重审批和严格控制内陆迁海及用海项目，建立强制性限制机制，切实做到“以海定陆”。

2. 海陆联运物流工程

（1）促进沿海港口体系协调发展。继续强化主要港口的骨干地位，有序推进港口基础设施建设，大力拓展现代物流、现代航运服务功能。完善港口布局规划，加强公共基础设施建设。组织开展港口集疏运体系专项规划编制。依托主要港口建设国际及区域性物流中心，构建以港口为重要节点的物流网络。推进港口节能减排。完善公共资源共享共用机制，坚持节约、集约利用港口岸线、土地和海洋资源。

（2）重点推进深水港建设。提供优良的口岸环境和优惠政策，加大深水港陆域面积，增加深水泊位数量，提高港口整体通过能力。积累大型深水港建设的工程技术经验。完成上海洋山港、青岛董家口港和天津港总体建设任务，在实践中解决技术难题，掌握关键技术。

（3）推进跨海通道技术研究。重点攻克跨海大型结构工程综合防灾减灾理论、技术及装备；超大跨度桥梁结构体系与设计技术；远海深水桥梁基础施工技术及装备；跨海超长隧道结构体系、建造技术及装备；海上人工岛适宜结构体系、修筑技术及装备等重大技术问题。

（4）加快重大跨海通道建设进程。着力推动琼州海峡跨海通道、渤海跨海通道建设，做好台湾海峡跨海通道建设前期准备工作，建立省际跨海通道体系，加强大陆与海南岛、台湾岛的交通和交流。研究与周边国家合作建设国际跨海通道的可行性。

（5）探索积累河口深水航道工程技术经验。在完成长江口南港北槽深水航道治理后，继续实施其他分汊河道航道治理工程。适时启动珠江口和其他较大河流河口深水航道工程。在工程实践探索中积累深水航道整治经验，突破深水航道整治关键技术，强化清淤处理、整治装备设计生产等相对薄弱环节。

3. 海岛开发与保护工程

（1）建立海岛工程建设规制体系。针对海岛生态环境脆弱的特点，以最大限度地减轻海岛工程对环境的负面影响为出发点，建立海岛工程建设规制体系。从法律法规和标准规章层面促进海岛开发与保护工程建设标准的制度化和规范化。

（2）设立国家海岛基金，全面推进海岛基础设施建设工程。制定全国海岛基础设施建设规划，以国家财政投资为主体，以陆岛交通工程和海岛水电供给工程为重点，加快推进港口工程、桥隧工程、空港工程以及岛内配套工程建设，大力支持海岛新能源利用技术和海岛淡水供给技术开发。

（3）实施海岛生态修复和环境保护试点工程，维护海岛生态环境健康。制定重点有居民岛生态环境保护行动计划，大力支持海岛污水处理工程、垃圾处理工程、节能环保工程、海岛自然保护区建设，通过海岛生态环境调查、监视和监测工程以及受损海岛生态修复工程的实施，加快恢复海岛生态系统。

（4）围绕国家海洋权益维护，以南海岛礁海防基础设施建设为核心，有序推进海岛防御工程、海洋权益维护工程、海上通道与海洋安全保障工程，以及海洋资源开发基地建设，构建以海岛为节点的国家海洋权益维护保障工程体系。

4. 沿海重大工程防灾减灾

（1）科学分析评估滨海核电站、石油战略储备库、大型油港及附属仓储设施、滨海石化产业区等特殊滨海功能板块对环境和安全的潜在重大影响，以预防、减轻灾害和事故不利影响为目标，制定沿海重大工程安全和防灾减灾规划，高标准建设沿海安全和防灾减灾工程，构建沿海重大工程安全和防灾减灾标准体系。

（2）坚持“以防为主，防、抗、救相结合”的基本方针，全面开展沿海重大工程的防灾减灾工作。增强对各种灾害事故的风险防控能力，完善灾害和事故应急机制，降低灾害事故损失。

（3）提高重大工程的综合抗灾能力。加强工程灾害科学研究，提高对防灾减灾规律的认识，促进工程技术在防灾减灾体系建设中的应用，为防灾减灾工作提供强有力的科技支撑。建立与我国经济社会发展相适应的综合防减灾体系，综合运用工程技术以及法律、行政、经济、教育等手段提高防灾减灾能力。

四、发展路线图

海陆关联工程与科技发展路线见图1－5－1。

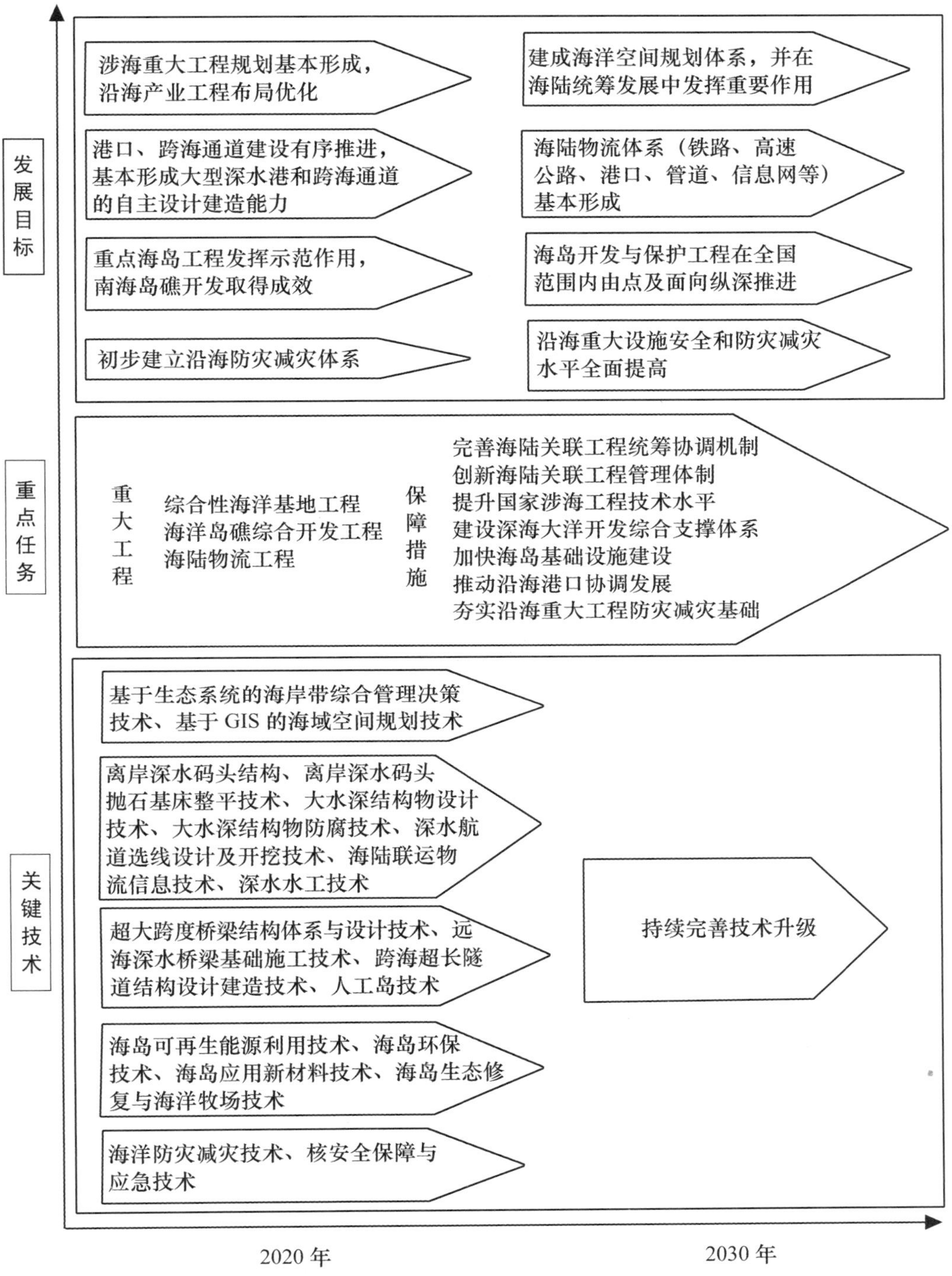

发展目标

涉海重大工程规划基本形成，沿海产业工程布局优化

建成海洋空间规划体系，并在海陆统筹发展中发挥重要作用

港口、跨海通道建设有序推进，基本形成大型深水港和跨海通道的自主设计建造能力

海陆物流体系（铁路、高速公路、港口、管道、信息网等）基本形成

重点海岛工程发挥示范作用，南海岛礁开发取得成效

海岛开发与保护工程在全国范围内由点及面向纵深推进

初步建立沿海防灾减灾体系

沿海重大设施安全和防灾减灾水平全面提高

重点任务

重大工程

综合性海洋基地工程
海洋岛礁综合开发工程
海陆物流工程

保障措施

完善海陆关联工程统筹协调机制
创新海陆关联工程管理体制
提升国家涉海工程技术水平
建设深海大洋开发综合支撑体系
加快海岛基础设施建设
推动沿海港口协调发展
夯实沿海重大工程防灾减灾基础

关键技术

基于生态系统的海岸带综合管理决策技术、基于 GIS 的海域空间规划技术

离岸深水码头结构、离岸深水码头抛石基床整平技术、大水深结构物设计技术、大水深结构物防腐技术、深水航道选线设计及开挖技术、海陆联运物流信息技术、深水水工技术

超大跨度桥梁结构体系与设计技术、远海深水桥梁基础施工技术、跨海超长隧道结构设计建造技术、人工岛技术

海岛可再生能源利用技术、海岛环保技术、海岛应用新材料技术、海岛生态修复与海洋牧场技术

海洋防灾减灾技术、核安全保障与应急技术

持续完善技术升级

2020 年　　2030 年

图 1－5－1　海陆关联工程与科技发展路线

根据海洋强国建设的基本要求，确保在2020年基本建成国家海陆关联工程体系，2030年海陆关联工程体系达到国际先进水平。通过政策扶持和科技创新保障，以基于生态系统的海岸带综合管理技术、基于GIS的海域空间规划技术、基于智能网络的物流信息平台技术、海洋可再生能源利用技术、海岛生态修复技术、沿海核安全保障与应急技术、海洋防灾减灾等关键技术为突破口，以建立海洋空间规划体系、现代海陆物流联运体系、综合性海岛开发与保护体系、区域海洋安全与防灾减灾体系等为主要手段，全面推进国家海陆关联工程体系建设，加快我国海洋强国建设进程。

第六章　保障措施与政策建议

一、完善海陆关联工程统筹和协调机制

（1）优化海陆关联工程决策机制。强化海洋强国战略的顶层设计，从中央层面对各类海洋规划进行整合与优化，制定符合国家海洋强国建设需要的中长期规划与国家行动计划。协调涉海各方利益，建立规划实施监督协调机制，对各类规划的制定与实施进行有效监控。从根本上保证涉海重大工程决策的科学性。

（2）明确海陆关联工程的发展战略。突出国家海洋权益导向，分区域制定管辖海域发展战略、深海大洋资源开发战略、极地研究与开发战略、国际海上通道战略等国家海洋战略。明确国家涉海重大工程发展目标，准确定位和科学制定各层次、各领域、各地区涉海重大工程发展计划和实施路径。

（3）健全海陆关联工程法律体系。全面梳理现有涉海工程建设法律与各类部门规定、条例、规章，对不符合海洋强国要求的法律法规予以修订。制定实施《海岸带开发法》、《涉海工程管理条例》等法律法规，对各类涉海工程项目进行规范，严格各类海陆工程与开发活动的评估、立项、审批、监督与管理。

二、创新海陆关联工程管理体制

（1）健全海陆关联工程管理体系。合理调整涉海管理机构职能与分工，优化涉海部门的管理结构，建立协调高效的管理体系，陆海统筹规划和实施海陆关联工程项目。海洋工程建设要考虑陆域基础与保障条件，沿海陆域工程建设要考虑海洋产业关联及海洋环境影响。

（2）优化海陆关联工程管理流程。本着适应性管理原则要求，科学评估国家海洋开发与保护需求、经济社会发展水平和各类涉海工程特点，通

过规划调控与政策引导，优化海陆关联工程规划、建设和管理流程，确保海陆关联工程建设有序推进。建立事前、事中与事后多层次的项目评估与管理监测体系，减轻海陆关联工程项目的潜在负面影响。

（3）加强海陆关联工程综合管理。统筹经济、社会、环境等多方面因素，科学确定涉海工程管理目标和手段，实施综合管理。根据海洋资源潜力科学预测开发规模，合理规划海洋开发布局，避免涉海工程领域的盲目投入和过度开发。将海域承载力评估纳入涉海工程项目决策过程，严格控制生态敏感区涉海工程规模。加大以海洋资源恢复和生态系统修复为主要功能的涉海工程建设，强化海洋生态文明建设的工程技术支撑。

三、提升国家涉海工程技术水平

（1）设立国家涉海工程重大技术研究专项，在中国工程院和国家自然科学基金建立专项研究基金，以涉及国家海洋安全与权益维护、深远海资源开发、海洋生态环境修复的重大工程技术研究为重点，支持符合国家海洋强国建设需要，与陆域工程技术相结合的海陆关联工程技术研究，确立海陆关联工程技术研究的国家战略导向。

（2）突破深远海资源勘探与开发技术，拓展海洋经济发展空间。结合国家深潜基地建设，由中国工程院、科技部和国家海洋局合作设立国家深远海技术与工程项目，加快推进大洋金属矿产、深海生物资源、深水油气和天然气水合物资源的勘探与开发技术研究，尽快提升国家深远海资源勘探与开发技术水平，为深远海资源产业化开发奠定基础。

（3）加快海洋权益维护与后勤保障工程建设。针对重点海域和争议岛礁，选择性地开展海洋权益维护工程与后勤保障工程技术研究，开发适宜不同类型岛礁和海域的关键工程技术。加快推进海岛可再生能源、海岛综合水电供给系统以及海岛环保技术开发，加快实施各类人工岛、海上平台、浮岛等新型技术的试验与建设，为国家海洋安全和权益维护提供工程技术保障。

（4）加强防腐技术推广和应用。加强浪花飞溅区构筑物防腐技术标准化研究，以现有浪花飞溅区构筑物复层矿脂包覆防腐技术为基础，起草海洋浪花飞溅区构筑物防腐技术标准。推广钢筋混凝土构筑物高性能涂层防护技术。提高构筑物异型部位的防护技术水平，引进、吸收国外先进技术，加快实现国产化步伐，在我国海陆关联工程构筑物中的螺栓、球形节点等异型部位上进行工程示范，检测评价其防护效果，实现关键部位重点保护，保证主体结构的安全耐久。加大防腐蚀宣传，推行防腐蚀标准，做到在海洋环境下使用的所有构筑物都进行防腐蚀保护，确保安全运营。

四、启动深海大洋开发综合支撑体系建设

（1）将陆海统筹作为深海大洋开发和综合性海洋基地建设的根本原则，把强化陆域综合支撑作为提高我国深海大洋开发能力的有效路径，把建设海洋开发基地体系作为我国深海大洋开发战略的重要内容。对海洋经济布局实施战略性调整，通过明确战略、加大投入等方式，加快我国海洋专属经济区、三大洋和南北极资源开发进程，扩大开发规模。针对深海大洋开发对陆海统筹的更高要求，加强对其产业配套、技术装备、管理模式等多方面的综合性支撑。

（2）针对我国在深海大洋开发方面产业基础相对薄弱、技术装备相对落后、开发经验相对不足的实际，集中人才与科技资源，依托具有一定产业基础、科技基础的沿海港口城市，有针对性地建设面向专属经济区、深远海和南北极开发的综合性海洋基地。

（3）依托沿海港口城市，通过明确定位、设立专项的方式，推动有关基础设施、科技平台、组织体系和配套产业实现跨越式发展，从而大大提升对深海大洋开发的综合支撑能力。结合不同区域、不同产业、不同阶段深海大洋开发活动的需求，以及我国各沿海城市地缘特点、资源禀赋和科技产业基础情况，突出特色和优势，有针对性地开展建设。

（4）针对深海大洋开发活动投入大、周期长，不同类型开发活动发展不均衡的特点，根据深海大洋开发进展分步推进综合性海洋基地建设。采取“示范—推广”的发展路径，通过设定发展目标和路线图，集中力量重点突破相关海洋科技，发展相关海洋产业，逐步建立海洋开发综合性基地体系，推动我国海洋经济从海岸带向深海大洋发展。

五、加快海岛基础设施建设

（1）设立国家海岛基金。明确海岛基础设施建设的政府责任，由国家财政部负责，在海岛保护专项资金的基础上，以政府投入为主体，多方筹

集资金，设立不少于100亿元的国家海岛基金，主要用于海岛国防和权益维护设施，海岛交通、水电、环保、教育等公共基础设施建设，提升国家对边远海岛的管控能力和海岛社会经济发展潜力。

（2）编制全国海岛基础设施建设规划。由国家发改委牵头，国家海洋局协调相关国家部委和沿海省、市、自治区政府，在全国海岛调查的基础上，结合国家与地方国民经济与社会发展规划、海洋经济发展规划，编制国家海岛基础设施建设规划，明确不同类型和区域岛屿的发展定位与基础设施建设需求，按照海洋权益维护、海岛经济发展与海岛生态保护等类型，分区域、分阶段制定相应的海岛基础设施建设行动计划。

（3）完善基金管理办法和配套实施政策。成立国家海岛基金管理委员会，在国家海洋局设立国家海岛基金常设办公机构，负责国家海岛基金的日常运作管理。编制国家海岛基金管理办法和投资指南，规范基金申报和评估程序，明确基金重点扶持领域，健全基金项目评估与风险监控体系，提高基金管理和利用效率。出台基金配套政策，鼓励企业和个人投资海岛基础设施建设。对于重点海岛和无人岛开发，可由国家海岛基金给予一定补贴。

（4）加大对海岛高新技术应用的扶持力度。在国家海岛基金设立海岛高技术开发专项，重点支持海水淡化、海洋新能源开发、海洋环保、生态修复及新型船舶装备等新技术的研发与产业化项目，从根本上提升海岛交通、水电及环保等基础设施保障水平。同时，加快海岛基础设施标准化建设进程，探索符合我国海岛发展需求的海岛基础设施建设新技术、新方法和新理念，树立国家海岛基金品牌效应。

六、推动沿海港口协调发展

（1）加快上海、天津等国际航运中心建设，充分发挥主要港口在综合运输体系中的枢纽作用和对区域经济发展的支撑作用。积极推进中小港口的发展，发挥中小港口对临港产业和地区经济发展的促进作用。有序推进主要货类运输系统专业化码头的建设。在长江三角洲和东南、华南沿海地区建设公用煤炭装卸码头，提高煤运保障能力。在沿海建设大型原油码头。加快环渤海和长江三角洲外贸进口铁矿石公共接卸码头布局建设。稳步推进干线港集装箱码头建设，相应发展支线港、喂给港集装箱码头，积极发展内贸集装箱运输。相对集中建设成品油、液体化工码头，提高码头利用率和公共服务水平。继续完善商品汽车、散粮、邮轮等专业化码头建设。形成布局合理、层次分明、优势互补、功能完善的现代港口体系。

（2）加大结构调整的力度，走内涵式的发展道路。结合国家区域发展战略、主体功能区规划、城市发展及产业布局的新要求，深化和完善港口布局规划，统筹新港区与老港区合理分工，统筹区域内新港区的功能定位，注重形成规模效应，带动和促进临港产业集聚发展。提升港口专业化水平和公共服务能力。积极推动老港区功能调整，适应专业化、大型化、集约化的运输发展要求。依托主要港口建设国际及区域性物流中心，构建以港口为重要节点的物流服务网络。

（3）提高港口集疏运能力。加强疏港公路、铁路、内河航道、港口物流园区等公共基础设施建设，加快主要港口后方集疏运通道的建设，与国家综合运输骨架有效衔接，充分发挥沿海港口在综合运输体系中的枢纽作用。通过在内陆城市设立无水港、发展海陆－陆空－陆陆多式联运体系建设，有效增加沿海港口的集疏运能力和运输效率。通过无水港扩大沿海港口腹地，缓解港口压力，保证供应链整体通畅。充分发挥无水港在报关、检验检疫、货物装箱整理等方面的作用，打造港口内陆节点，提高货物进出口效率。利用多式联运机制，建立立体通关输运体系，增加港口物流效率，形成多节点、多通道集疏运体系。

七、夯实沿海重大工程防灾减灾基础

（1）加大投入，建立多渠道投入机制。持续增加国家在防灾减灾领域的科技投入，引导带动地方加大投入，吸引社会各界力量，开拓多种投融资渠道，主动探索引进风险投资基金、保险基金等新型投融资模式。

（2）整合科技资源。瞄准国家战略目标，明确重大科技需求，突出重点，统筹运用国家科技计划、示范工程、基础平台建设等科技资源，提升防灾减灾科技综合能力，特别注重引导和带动企业参与防灾减灾创新体系建设。

（3）加强学科建设和人才培养。改善学科软硬件条件，加强防灾减灾相关学科建设。加强防震减灾重大科技问题的基础研究和关键技术研究。加强防减灾人才培养，推动防灾减灾知识普及。立足工程防减灾工作实际，推进专业人才队伍建设。整体规划、统筹协调，优化人才队伍结构。组织开展形式多样的防灾减灾知识培训和应急演练，加大应急培训基地建设和科普宣传投入，通过建设防灾减灾示范社区等途径，全面提高国民自然灾害风险防范意识。

（4）积极开展国际合作。结合我国防灾减灾科技发展重点，实施重大国际科技合作计划，推进国际联合实验室和研究中心建设。积极吸收借鉴防灾减灾领域的国际先进理念和技术，缩小防灾减灾科技领域与国际先进水平之间的差距。

第七章　重大海陆关联工程与科技专项建议

一、面向深海大洋开发的综合性海洋基地工程

（一）必要性

海洋经济从海岸带向深海大洋延伸是我国海洋经济可持续发展的必然要求。国际公海和南北极是目前地球表面仅存的未明确主权的公共空间。近50年来，随着全球性人口、资源和环境问题的加剧，深海大洋和南北极蕴藏的丰富资源逐渐引起了世界各国的关注。美、欧、日等海洋强国加大了对深海和极地科研的投入，在有关基础研究和技术开发领域取得了领先优势。从近50年来的发展趋势看，随着一系列国际条约的签订，未来不能排除通过构建有关国际法框架将公海（包括海底）和南北极逐步纳入一定的国际管辖秩序的可能性。在这样一个管辖体系中，海洋科技和产业优势将成为一国谋取更大权益、控制更多资源的重要支撑因素。我国拥有300多万平方千米的海洋国土，专属经济区面积广阔。特别是南海、东海专属经济区，油气、渔业等自然资源丰富，存在巨大的潜在经济价值，而且地处海洋权益斗争的前沿。发展海洋经济、实施资源开发，具有宣示主权和获取经济利益的双重价值，是维护我国海洋权益的有效手段。在当前形势下实施深远海开发战略，不能单纯理解为获取资源的经济行为，更是在为中华民族未来生存和发展谋求更大的战略空间。

因此，进一步强化陆海统筹能力，对海洋经济布局实施战略性调整，通过明确战略、加大投入等方式，加快我国海洋专属经济区、三大洋和南北极（以下简称深海大洋）资源开发进程，扩大开发规模，应当成为我国海洋强国战略的一项重要内容。与海岸带开发相比，深海大洋开发对陆海统筹的要求更高，需要更加有力的来自陆域的产业配套、技术装备、管理模式等多方面的综合性支撑。

（二）重点内容

根据海洋专属经济区、三大洋和南北极科研和开发的不同要求，有针对性地规划和建设相关综合性海洋基地，形成体系化、网络化的空间格局。在黄海、东海、南海专属经济区侧重于资源开发，在太平洋、大西洋、印度洋兼顾科学研究与资源开发，在南北极侧重于科学研究。根据上述要求选取沿海城市，通过设定发展目标和路线图，集中力量重点突破关键海洋技术，发展相关海洋产业，为海洋事业的发展提供有力支撑。按照分布实施原则，采取“示范—推广”的发展路径，逐步建设和完善海洋开发综合性基地体系，推动我国海洋经济从海岸带向深海大洋发展，推动海洋强国战略的实施。

1. 建设面向海洋专属经济区开发的海洋基地

我国在黄海、东海和南海拥有海洋专属经济区，且都存在与周边国家的海洋权益争端。海洋专属经济区范围内拥有较大开发价值的资源有油气资源和渔业资源。海洋可再生能源、海洋金属矿藏、可燃冰等资源具有较大的开发潜力。此外，我国南海传统海疆范围内有大量岛礁有待开发。综合上述资源的分布特点，建议选取青岛、上海、广州 3 个沿海城市作为黄海、东海和南海海洋专属经济区开发的核心基地，辅以周边港口城市作为补充，重点予以规划建设。

（1）北部基地。面向黄海专属经济区的开发基地以青岛为核心，大连、烟台、连云港为补充。主要依托海洋产业和技术基础，重点发展船舶及海洋装备制造、水产品加工、海洋生物医药等相关产业，集中力量对海洋可再生能源、深水养殖和海洋牧场、规模化低成本海水淡化等技术进行攻关，规划建设海洋可再生能源试验场和海洋牧场试验场。

（2）东部基地。面向东海专属经济区的开发基地以上海为核心，杭州、宁波、厦门为补充。主要发展水产品精深加工、海洋生物医药、特种船舶制造等相关产业，集中力量对海洋观测、新型海洋平台、海洋油气开采等相关技术进行攻关，规划建设海洋观测网（场）。

（3）南部基地。面向南海的开发基地以广州为核心，深圳、三亚、三沙为补充。主要发展南海渔业配套产业、南海石油开采配套产业、海洋工程建筑业等，集中力量对大型深水人工岛工程技术、南海岛礁开发相关工程技术、深水油气开采技术进行攻关，规划建设南海开发工程技术中心、南海开发物流中心（三亚或三沙）、离岸人工岛试验工程项目（三沙）。

2. 建设面向三大洋开发的海洋基地

国际公海拥有丰富的渔业资源、油气资源、金属矿产资源和可再生能源，但除渔业资源外，大部分处于待开发或开发起步阶段。在太平洋、大西洋、印度洋科学研究和资源开发方面，虽然我国与发达国家存在一定的差距，但近年来发展较快。

我国在三大洋的经济和科技活动主要包括：①资源开发。在西非海域、南太平洋等区域的渔业活动初具规模，产量持续增长。南极附近海域磷虾资源业已引起关注，正在进行商业化开发的尝试。②科学研究。我国在对大洋科学技术的投入不断加大，在载人深潜、海洋观测、深海矿产勘探等领域取得了较大进展。我国还在太平洋获得了7.5万平方千米的大洋多金属结核矿区专属勘探权和优先开发权。③经贸活动。我国的海上贸易遍布世界200多个国家（地区），印度洋、太平洋的一些航线已经成为我国航运贸易的“生命线”。我国对外投资不断增加，积极参与东南亚、非洲、拉丁美洲有关基础设施建设和商业开发活动。④维和行动。应联合国要求，我国海军在北印度洋参与打击海盗的国际维和行动。

针对我国在三大洋的活动特点，建议从大洋科学技术、资源开发、贸易航运3个领域分类规划海洋基地，建立综合性基地体系。①大洋科学技术综合服务基地。选择青岛作为核心基地，杭州、厦门、广州等作为补充。主要发展载人深潜、大洋可再生能源开发、海洋观测、海洋矿产勘探开采等基础性科学技术研究开发，推进应用技术产业化。目标是为提升我国深海大洋科学技术水平提供人才支撑、组织保障和项目平台。②大洋资源开发综合服务基地。选择上海作为核心基地，大连、青岛、宁波、广州等作为补充。主要发展远洋渔业、水产品精深加工、深海油气开采与加工、海洋平台制造等产业，侧重于相关应用性技术研发与产业化。主要目标是通过产业集聚发展，增强我国大洋资源开发能力，扩大开发规模，提高开发水平。③贸易航运综合保障基地。选择广州作为核心基地，宁波、青岛、三亚作为补充，主要为我国印度洋海上“维和”行动、海洋科学考察活动以及相关航运贸易活动提供综合保障。主要发展远洋物流、信息平台相关技术和产业，以及远洋航行综合保障相关技术和产业。主要目标是建立远洋综合补给保障体系，提升我国远洋航行的补给、信息保障水平，增强我国远洋活动能力。

3. 建设面向南北极科研和开发的综合性基地

南极洲是目前唯一一块尚未明确主权的大陆，拥有丰富的矿产、生物、淡水资源和广阔的未开发土地。各海洋强国通过科学考察等方式，加强了对南极洲权益的争夺。我国业已建成了两座南极科学考察站，并将继续加强南极科学考察事业。北冰洋除蕴藏丰富的自然资源外，近年来其潜在的航道资源日益引起有关各国的关注。我国已经进行了 5 次北极科学考察活动，未来将继续强化有关科学研究。当前在南北极地区的科学研究，是未来开发利用南北极资源的基础，可以看做是我国海洋开发事业向南北极挺进的前奏。有必要根据南北极自然条件和资源禀赋状况，应用科学研究成果开展资源开发和权益维护的计划与准备工作，并依托具有一定基础的城市先期开展科技和产业准备，做到未雨绸缪，抢占南北极开发的先机。

（1）南极科研和开发基地。计划以上海为核心，哈尔滨、宁波、厦门、广州为补充建立综合基地体系。主要推进南极洲大陆科学研究和资源勘探技术开发，发展南极开发相关装备产业、南极科学考察站建设和综合保障相关产业、南极资源储运和加工产业。加强有关科研人员和技术人才的培养和储备，择机成立南极开发机构（或企业）。

（2）北极科研和开发基地。计划以青岛为核心，以大连、天津为补充建立综合基地体系。主要推进北冰洋科学研究和资源勘探技术开发，发展高纬度海洋开发相关装备产业、北极科学考察综合保障相关产业、北冰洋航线海洋交通运输相关产业。加强有关科研人员、技术人才的培养和储备，择机成立北极科研和开发机构，并做好航运准备。

4. 建设国际合作“通海”基地工程

我国正在倡议、规划和实施内陆地区的沿河沿路跨境通海廊道工程建设，主要包括：大图们江倡议（GTI）项目下的吉林省借图们江通向日本海，湄公河流域次区域合作（GMS）中云南省经湄公河通向南海，云南省借助滇缅公路和中缅输油管道通向印度洋，新疆经巴基斯坦公路通向印度洋（阿拉伯海），新疆经中亚国家（公路、铁路、管道）通向里海等。

计划以吉林省珲春市作为图们江通海基地，云南省景洪市作为澜沧江（湄公河）通海基地，云南省腾冲县作为滇缅通海基地，新疆维吾尔自治区喀什市作为新巴通海基地，阿拉山口市作为新疆通里海基地。主要为通海通道相关工程实施建设前的先期准备、建设中的综合保障和建成后的日常维护。利用通海通道入境城市优势，规划和发展相关资源储运、加工和贸易产业。

5. 先行建设海洋开发综合性示范基地

海洋开发综合性基地从构想到实施是一项系统工程，投入大、周期长，且没有现成的经验可供借鉴。为增强海洋基地体系建设的科学性，建议先期启动示范工程。选取 1 ~ 2 个具有一定海洋科技和产业基础的城市，给予一定的政策倾斜，集中人力、物力建设示范性海洋基地，为全国海洋基地建设积累经验。示范基地建成后可作为其他海洋基地建设的范本，并为其他基地建设提供人才、组织和技术支持。经综合比较，课题组认为青岛市先行启动海洋基地建设的条件最好，可以作为示范基地的首选城市。

青岛是全国著名的海洋科学城，常驻涉海两院院士占全国该领域院士的 69%，集聚全国 30% 的高级海洋专业人才，承担了“十五”以来国家 863 计划和 973 计划中 55% 和 91% 的海洋科研项目。我国深海首艘 300 米饱和潜水母船“深潜号”、首艘深海铺管船“海洋石油 201”、海洋科学综合考察船“科学”号在青岛交付使用，完成 7 000 米级海试的“蛟龙”号常驻青岛。国家深潜基地、国家海洋科学实验室在青岛建设。青岛拥有比较雄厚的海洋经济基础，是山东半岛蓝色经济区的核心区，拥有总吞吐能力将超过 7 亿吨的前湾港和董家口港两个深水大港，集聚了青岛前湾保税港区、青岛经济技术开发区、青岛高新技术开发区、中德生态园、胶州经济技术开发区 5 个国家级经济区，临港工业发达且集中。综上所述，青岛市的海洋科技和海洋经济基础均比较扎实，为海洋示范基地建设提供了良好的平台。

青岛海洋示范基地建设，可以将青岛蓝色硅谷核心区和西海岸经济新区作为主要载体。在海洋科技方面，以国家海洋科学与技术实验室、国家深潜基地等为主体，以相关大学和研究机构（中国海洋大学、山东大学青岛校区、中国科学院海洋研究所、国家海洋局第一海洋研究所、中国水产科学研究院黄海水产研究所等）为支撑，以载人深潜、深海探测、海洋可再生能源、高纬度海洋科考、海洋牧场和深水养殖、海洋生物医药、新型远洋渔业技术研发为重点，通过设立海洋开发综合基地示范工程科技专项，实现相关海洋技术水平的整体提升。在海洋产业方面，依托五大国家级园区的产业聚集，重点发展造船和海洋工程装备、海洋交通运输和港口物流、远洋渔业、海洋药物、海洋能、海水综合利用等海洋产业，大力发展临港制造业和服务业，夯实深海大洋资源开发的产业基础。

（三）预期目标

1. 2020 年目标

面向深海大洋的综合性海洋基地体系规划及发展路线图基本确定。海洋开发综合性示范基地（青岛）建设启动，并取得初步成效。面向海洋专属经济区的基地群中，青岛、上海、广州三大核心基地的功能、定位得到明确，科技和产业专项得到实施，综合性基地建设顺利推进。面向三大洋和南北极的基地体系详细规划开始制定，部分项目得到先期实施。

2. 2030 年目标

综合性海洋基地体系建设取得初步成效，发挥明显作用。面向海洋专属经济区的三大基地群建设初具规模，在专属经济区资源开发和权益维护中发挥重要作用。面向三大洋和南北极的基地群建设全面铺开，在深海资源勘探开发、海洋探测等重要领域发挥关键性功能。海洋开发综合性示范基地（青岛）基本建成、运转良好，在深海大洋开发事业中发挥示范作用。借鉴示范基地一期建设经验，可在全国再建设 2 ~ 3 个示范基地。

二、南海岛礁综合开发工程

（略）

主要参考文献

国家发展和改革委员会．2007．核电中长期发展规划(2005—2020)[Z].
国家海洋局．2011．2010年海岛管理公报[Z].
国家海洋局海洋发展战略研究所课题组．2011．中国海洋发展报告[M]．北京:海洋出版社.
胡宾．2011．中国海岛县旅游竞争力对比研究[J]．经济研究导刊,(7):178.
胡锦涛．2010．在中国科学院中国工程院院士大会上的讲话[Z/OL]．www.gov.cn.
胡锦涛．2012．坚定不移沿着中国特色社会主义道路前进,为全面建成小康社会而奋斗——在中国共产党第十八次全国代表大会上的报告[M]．北京:人民出版社.
贾大山．2008．2000—2010年沿海港口建设投资与适应性特点[J]．中国港口,(3):1-3.
蓝兰．2012．我国跨海大桥建设情况分析[R/OL]．http://www.transpoworld.com.cn.
王芳．2012．对实施陆海统筹的认识和思考[J]．中国发展,(3):36-39.
王连成．2002．工程系统论[M]．北京:中国宇航出版社.
王树欣,张耀光．2008．国外海岛旅游开发经验对我国的启示[J]．海洋开发与管理,(11):104.
杨懿,朱善庆,史国光．2013．2012年沿海港口基本建设回顾[J]．中国港口,(1):9-10.

主要执笔人

管华诗　中国海洋大学　中国工程院院士
李大海　中国海洋大学　博士后
韩立民　中国海洋大学　教授
潘克厚　中国海洋大学　教授
刘　康　山东社会科学院海洋经济研究所　副研究员
孙　杨　中国海洋大学　讲师

第二部分
中国海陆关联工程发展战略研究专业领域报告

专业领域一：沿海产业涉海工程区划研究

第一章　我国沿海产业涉海工程区划现状与战略需求

（一）沿海产业涉海工程区划基本概念

1. 区划的基本内涵

区划是一定地域的事物和现象根据其地理空间特征的相似性和差异性进行划分或合并，并按彼此间的从属关系，建立一定形式的地域等级系统的研究方法。区划是认识自然和人类社会经济活动空间规律和引导合理布局实践的基础性手段。

其中综合自然规划是以自然地理要素地域分异规律及分布特征为基础，是制订国土规划、资源开发利用规划和国民经济发展计划的重要依据，其遵循的原则包括发生一致性原则、形态类似性原则、区域共轭性原则、综合分析与主导因素相结合的原则、地带性与非地带性相结合原则等。

产业活动及相关工程规划的主要任务是合理归纳、协调和规整不同行业社会经济活动的空间发展与布局，为制定进一步的产业空间发展与布局规划提供基本前提。

2. 沿海产业涉海工程区划的解读

顾名思义，沿海产业是海岸带空间范围内的不同行业性质的经济活动；而其涉海工程则是该产业活动在规划、建设、运行等环节对于海洋的空间、资源、环境等产生直接影响或作用，利用甚至改变海洋的自然属性或生态系统的运行状态。因此，涉海工程的区划需要在考虑区划一般原则的基础上，更加关注对海洋的影响以及海洋对于该类工程的支持、制约甚至威胁。

（二）我国沿海产业涉海工程区划的经济社会背景

1. 海岸带自然地理基础

我国拥有的大陆海岸线约为18 000千米。从资质构造基础看，主要受欧亚大陆板块与太平洋板块作用下形成的北东—南西向新华夏向构造系控制，形成一系列沿海隆起和沉降带，在河流沉积和与洋流等综合作用下，形成沉积型海岸与基岩海岸交错的格局，其中长江口以南以基岩海岸为主，以北除山东半岛和辽东半岛以外，以沉降型海岸为主。

这样的海岸带自然地理基础既提供了沿海港口、产业和城市布局的基础，形成诸如珠江三角洲、长江三角洲和京津唐等城市-工业群，也支持了大连、青岛、厦门等基岩海岸线港口及其产业的形成与集聚。同时，我国东部沿海区域整体位于世界最大的环太平洋地震带，近年来不断加剧的海洋及地质灾害不仅提醒我国沿海区域空间容量的整体限制，而且加剧了自然灾害影响沿海产业布局的自然环境安全隐患。

2. 沿海区域经济发展战略升级

近年来沿海省、市、自治区纷纷提出和实施面向海洋资源开发和海洋空间资源利用的区域经济与社会发展战略，而且多数已上升为国家级发展战略，其相应规划、建设一系列涉海重大工程，在国家层面上存在较为严重的产业布局同构现象，同时造成对海岸带宝贵的空间资源占用，并造成对沿海生态环境的巨大压力。根据国家海洋局《海域使用管理公报》数据显示，我国“十一五”期间累计确权填海面积6.7万公顷，其中建设用地6.4万公顷，农业用地0.3万公顷。而且随着近年全国沿海省、市、自治区国家级发展战略的陆续出台，涉海产业规划及其用海规模出现大幅度和快速增长。其中，津滨海新区规划面积2 270平方千米，国务院批准填海造地规划200平方千米，涉及8个产业功能区；河北曹妃甸工业区规划用海面积340平方千米，其中填海造地面积240平方千米，依托矿石码头和首钢搬迁，大力建设精品钢材生产基地，发展大型船舶、港口机械、发电设备、石油钻井机械、工程机械、矿山机械等大型重型装备制造业。江苏省规划了18个围海造地区，计划围海造地总面积400平方千米，规划到2015年，将江苏省打造成区域性国际航运中心、新能源和临港产业基地、农业和海洋特色产业基地、重要的旅游和生态功能区。浙江省滩涂围垦总体规划7市

32 县区造地面积为 1 747 平方千米。福建省 2005—2020 年规划 13 个港湾 158 个项目，围填海 572 平方千米。上海市 2010—2020 年规划填海造地 767 平方千米。

3. 海洋空间规划体系发展

我国的区域经济发展长期以陆地经济发展为主导，沿海产业的布局也形成“陆强海弱”、“陆先海后”的陆地经济思维模式。与此相对应，我国的海陆经济发展与空间规划尚未采取国际较为普及的海岸带空间规划（coastal spatial planning）模式，沿海产业涉海重大工程的空间布局，影响到海陆统筹协调发展，进而影响到工程本身的可持续发展。

国务院于2010 年12 月发布的首个全国性国土空间开发规划《全国主体功能区规划》，涵盖陆地和海洋国土，按开发方式将国土空间划分为优化开发区域、重点开发区域、限制开发区域和禁止开发区域，但是依然以陆地空间规划为主导，并且迫使更多土地开发导向围填海。

海洋既是目前我国资源开发、经济发展的重要载体，也是未来我国实现可持续发展的重要战略空间。国家海洋局按照《全国主体功能区规划》要求，已开展《全国海洋主体功能区规划》编制工作，将依据沿海海洋资源环境承载力、开发强度和开发潜力，从科学开发的角度，统筹考虑海域资源环境、海域开发利用程度、海洋经济发展水平、依托陆域的经济实力和城镇化格局、海洋科技支撑能力以及国家战略的牵引力等要素，按照内水与领海、海岛、大陆架和专属经济区分区，将管辖海域划分为优化开发区、重点开发区、限制开发区和禁止开发区 4 类主体功能区，以合理规划海洋空间布局。

（三）我国沿海产业涉海工程布局历史与现状

1. 我国沿海产业发展与布局历史回顾

我国海陆经济发展的历史经验表明，沿海经济发展及涉海产业工程建设，与当时国际、国内政治经济形势存在密切关系，海岸带的经济发展经常受陆域经济、海外经济联系强化（海外贸易、出口、海外投资）和海外经济进入（古代海外袭扰、近代殖民等）的影响，沿海工程设施在政治统一和经济繁荣上升时期成为支持和推进经济外向发展的桥头堡；在内部纷争和外部袭扰时期又成为国际冲突的“挡箭牌”和“牺牲品”（表 2 - 1 - 1）。

表 2-1-1 我国区域经济发展与沿海开发活动概略回顾

时间阶段	国际背景	国内经济	海洋经济	涉海工程
先秦（2100BC—221BC）	世界原始文明形成，但是缺乏交流	内陆沿河部落经济形成融合	人类活动到达沿海，利用滨海资源	开始煮海为盐；以海贝为币
秦汉（三国）（221BC—280）	实现华夏统一，早于凯撒大帝统一地中海	建立统一的经济运行与布局体系	经济活动达到甚至超越现今岸线（设立南海郡）	兴鱼盐之利，行舟楫之便（汉朝开辟至印度洋航线）
隋唐五代（581—979）	建立广泛的国际经济联系	经济空前繁荣，海陆国际交流频繁	“海上丝绸之路”促进国际贸易发展	沿海港口及造船产业建设
宋元（960—1368）	中亚游牧民族崛起，国际关系紧张	南北政治经济格局冲突	北部沿海活动衰退，南方沿海经济出现繁荣	南部沿海港口、贸易栈（设有多个市舶司）建设
明（1368—1644）	奥斯曼帝国兴起，倭寇袭扰	初期疆土统一和经济开放，促进经济发展	初期郑和拓展海外交流；后期倭寇袭扰迁界禁海	前期沿海港口及出口加工业发达；后期沿海防卫工程强化
清（1644—1911）	西方国家开始大航海时代的对外扩张和殖民	初期实现统一与繁荣	为巩固自身统治，禁止海上经济交流	强化海防设施；被迫建设通商口岸；沿海近代工业兴起
民国（1911—1949）	国际经历两次世界大战，政治经济格局出现巨变	内战和外来侵略导致经济活动的极端不稳定	近代沿海买办工业发展；战争导致沿海产业破坏	沿海防卫工程遭受破坏；沿海产业内迁和受损

2. 新中国成立初期的涉海工程建设

1949 年，中华人民共和国成立，美国对我国实行军事和经济的海上封锁。而旧中国作为半殖民地经济，其近代工业设施的 70% 集中在沿海一带。工业过于集中于东部沿海一隅，不仅不利于资源的合理配置，而且对于国家的经济安全也是极为不利的。为了改变这种状况，第一个五年计划和第二个五年计划，中国政府把苏联援建的工程和其他限额以上项目中的相当大的一部分摆在了工业基础相对薄弱的内地。将东北地区确定为新中国工业建设的基地。这使我国初步建立了一个比较完整的国民经济体系和工业体系。1959 年中苏关系破裂，苏联撤销对华援助。1959—1961 年连续 3 年发生大规模饥荒，称为“三年困难时期”。“三五”期间，我国经济立足于战争，从准备大打、早打出发，积极备战，把国防建设放在第一位，加快了“三线”建设①。“三线”建设虽然对于促进内地经济发展、改善经济布局起了很大的作用，但是无论在纵向上与新中国成立以来的各个历史时期比，还是在横向上与同时期的东部地区比，是当时国际、国内形势下的无奈之举，其低下的经济效益也是显而易见的。

因此，新中国成立后的这段时期，我国的沿海产业布局并没有成为国家的重点，以至于出现了“上（海）青（岛）天（津）”等近代港口工商业中心城市“蜕变”为全国轻纺工业城市。同时，沿海防卫设施和工程（包括海防林等）的建设，客观上起到了避免沿海岸线遭受过度破坏的作用。此阶段的涉海工程，在围填海方面以潮滩造田、建设海防设施等为主，建设规模和增加幅度并不太大。

3. 改革开放以来的涉海工程建设

1978 年中国共产党十一届三中全会召开，确立以经济建设为中心，实行改革开放的政策。从根本上促进了我国区域经济建设的重心向沿海区域的战略转移。1979 年，党中央、国务院批准广东、福建在对外经济活动中实行“特殊政策、灵活措施”，并决定在深圳、珠海、厦门、汕头试办经济特区。1984 年，党中央和国务院决定又进一步开放大连、秦皇岛、天津、烟台、青岛、连云港、南通、上海、宁波、温州、福州、广州、湛江、北海共 14 个港口城市，并逐步兴办起经济技术开发区。1988 年增辟了海南经济特区，海南成为我国面积最大的经济特区，导致海南沿海设施建设急剧

---

① “三线”建设的内容在 1964 年的《关于国家经济建设如何防备敌人突然袭击的报告》中这样描述：（1）一切新的建设项目，不在第一线，特别是十五个一百万人口以上的大城市建设。（2）第一线，特别是十五个大城市的现有续建项目，除明年、后年即可完工投产见效的以外，其余一律要缩小规模，不再扩建，尽早收尾。（3）在第一线的现有老企业，特别是工业集中的城市的老企业，要把能搬的企业或一个车间、特别是有关军工和机械工业的，能一分为二的，分一部分到三线、二线，能迁移的，也应有计划地有步骤地迁移。（4）从明年起，不再新建大中水库。（5）在一线的全国重点高等学校和科学研究、设计机构，凡能迁移的，应有计划地迁移到三线、二线去，不能迁移的，应一分为二。（6）今后，一切新建项目不论在哪一线建设，都应贯彻执行分散、靠山、隐蔽的方针，不得集中在某几个城市或点。http：//baike. baidu. com/view/798186. htm

升温。1990 年，党中央和国务院从我国经济发展的长远战略着眼，又做出了开发与开放上海浦东新区的决定。我国的对外开放出现了一个新局面。1992 年，小平同志南巡之后，中国改变了过去建立有计划的商品经济的提法正式提出建立和发展社会主义市场经济，使改革掀起了新一轮的沿海城市为重要载体的高新区和开发区建设高潮。至此，我国发展政策倾向于沿海地区，引起了新一轮产业活动的“孔雀东南飞”。

从具体空间格局看，我国改革开放以后的沿海工程开发与建设出现以下特征：①开发时空变化表现为 20 世纪 80 年代珠三角沿海地区为重点和热点，90 年代长三角地区为重点和热点，2000 年以后环渤海地区为重点和热点；②从临海产业区域经济功能类型划分，其主要建设内容涵盖沿海城市（城区）综合开发建设、区域港口群（综合性港口、专业性港口）建设，临港工业区（临港加工出口型、内陆向海搬迁型、外资登陆桥头型、转口贸易口岸性等）；③海岸带利用模式由临海向海岸线改造与利用，围海及填海，海岛开发及陆岛工程建设等方面扩展，海岸带开发规模和速度明显加大。

4. 2008 年金融危机以来我国沿海产业发展与建设

我国应对 2008 年全球金融危机所采取的启动内需刺激，稳定了传统产业的发展，与此同时，我国在寻求战略性新兴产业的发展和新的地区经济增长空间。海洋产业作为国家战略受到空前的重视，沿海省、市、自治区的发展战略逐步上升为国家级战略，使得海岸带开发与建设迎来一个空前的热潮。

作为直接开发利用海岸带和海洋资源的海洋产业，近年来实现稳步发展，大部分海洋产业增长率高于全国平均水平。2012 年全国海洋生产总值 5. 0 万亿元，比上年增长 7. 9%。海洋产业生产总值占 GDP 的比重总体上呈上升趋势，从 2001 年的 8. 58% 上升至 2012 年的 9. 63%。海洋经济已经成为国民经济的重要组成部分。

同时，海洋产业活动无论总量还是增长率，都表现为环渤海地区涉海经济活动是全国热点。当然，随着 2011 年浙江、广东与山东一起成为国家海洋经济先行示范区，尤其是浙江舟山海洋经济新区、福建平潭岛海峡两岸合作示范区等综合工程的开发建设，这种格局可能会有所转变，以国家级沿海发展战略为导引的全国新一轮沿海产业布局与城市（港口）建设已经开始（表2－1－2）。

表2－1－2　2012年我国海洋经济活动分布格局

海洋经济分区	海洋生产总值/亿元	占全国海洋生产总值比重/%	比上年增长/%	位居前列的主要海洋产业
环渤海经济区	18 078	36.1	0.5	海洋交通运输业、海洋渔业和滨海旅游业
长江三角洲经济区	15 440	30.8	－1.0	滨海旅游业、海洋交通运输业、海洋船舶工业和海洋渔业
珠江三角洲经济区	10 028	20.0	－0.3	滨海旅游业、海洋交通运输业、海洋化工业、海洋油气业和海洋渔业

资料来源：国家海洋局.2012年中国海洋经济公报.http：//www.coi.gov.cn/.

应该看到，这种沿海省、市、自治区经济发展在国家整体战略支持和推动下的能量释放，以及地方政府之间在发展领域的白热化竞争，是我国经济在全球经济低迷背景下推进经济发展的难得现象，海洋资源与环境的空间也远远没有得到充分的开发与利用。但是，我们依然需要关注沿海资源开发的海洋资源稀缺或短缺，海洋资源环境的容量与分布不均衡，充分考虑海洋资源利用的成本和风险，考虑海洋生态服务的利用价值及其使用成本，为海洋经济的可持续发展与产业合理布局提供保障。

表2－1－3　我国沿海省、市、自治区近海生态服务价值分布

地区	评估面积/千米^2	总价值/（10万亿元·年$^{-1}$）	平均值/（百万元·千米$^{-2}$·年$^{-1}$）
辽宁	26 651	111.47	4.18
河北	6 209	13.77	2.21
天津	1 682	22.54	13.38
山东	31 584	154.30	4.88
江苏	11 771	42.60	3.61
上海	4 338	28.83	6.64
浙江	32 583	96.14	2.95
福建	19 796	68.70	3.47

续表

地区	评估面积/千米^2	总价值/（10 万亿元·年$^{-1}$）	平均值/（百万元·千米$^{-2}$·年$^{-1}$）
广东	32 510	194.47	5.98
广西	6 210	47.85	7.70
海南	19 777	56.28	2.84
平均	—	—	5.37

资料来源：陈尚，等．我国近海生态服务价值问题研究，2011.

第二章　我国沿海产业涉海工程布局面临的主要问题

（一）海洋经济发展与涉海工程布局缺乏协调

1. 我国发展海洋经济具有坚实基础

我国是一个海陆兼备的国家，具有发展海洋经济的自然地理基础和巨大潜力。其中，领海面积38万平方千米，管辖海域面积约300万平方千米，岸线总长度32 000千米，其中大陆岸线18 000千米，岛屿6 900余个。我国2 000多年来经济发展的历史经验表明，沿海开发与海外经济交往是国家经济发展的重要组成部分。随着国家发展和对外经济联系的增强，我国古代经济活动重心逐步由内陆向沿海趋近，历史上的民族团结与社会经济繁荣时期，都伴随着沿海经济的开放与发展以及海上贸易活动的增加，而社会经济停滞与内部纷争往往伴随着“迁界禁海”和“闭关锁国”。

2. 国家海洋经济发展战略强势推进

我国现阶段正在经历国家复兴和经济稳定发展的战略机遇期，沿海及海洋经济发展具有广阔的前景，而国家不断强化的海洋强国建设意识和不断升级的海洋经济发展战略使得这一趋势更为明显。20世纪80年代中期，我国的海洋开发及海洋经济发展战略开始酝酿。90年代的沿海经济特区和开放城市建设，推动了沿海经济和海外经济贸易的迅速发展。进入21世纪以来，我国的海洋经济发展战略逐步得到强化。2003年国务院印发《全国海洋经济发展规划纲要》，第一次提出了建设海洋强国的战略目标，2006年《国民经济和社会发展第十一个五年规划纲要》进一步提出“强化海洋意识，维护海洋权益，保护海洋生态，开发海洋资源，实施海洋综合管理，促进海洋经济发展”。尤其值得关注的是，2010年10月党的十七届五中全会提出了详细的海洋经济发展战略建议，即：“坚持陆海统筹，制定和实施海洋发展战略，提高海洋开发、控制、综合管理能力。科学规划海洋经济发展，发展海洋油气、运输、渔业等产业，合理开发利用海洋资源，加强渔港建设，保护海岛、海岸带和海洋生态环境。保障海上通道安全，维护我国海洋权益。”2011 年《国民经济和社会发展第十二个五年规划纲要》在第十四章以“推进海洋经济发展”为题，对未来我国海洋经济的发展做出具体部署。

3. 海洋经济在国民经济中地位稳步提升

20 世纪 90 年代以来，海洋经济在国民经济中的地位稳步提升。据国家海洋局历年海洋经济公报数据，1996 年，主要海洋产业总产值达 2 855. 22 亿元，同比增长 10. 5%，占国内生产总值的 1. 9%；2012 年海洋生产总值 50 087 亿元，占国内生产总值的 9. 63%。根据国家海洋局海洋发展战略研究所预测，我国的海洋经济在国民经济中的比重至少到 2020 年还会进一步提升。

4. 我国海洋经济发展战略有待调整

与北美、欧盟、东亚、大洋洲等地区的海洋大国海洋开发战略及海洋经济发展对策相比，我国的海洋经济发展依然存在战略不明、经验不足、能力缺失、管理低效等缺憾。

我国海洋经济发展存在的主要问题表现为：① 缺乏海洋经济发展战略战略层次的宏观和有序安排，已有的沿海经济战略升级属于“归纳式”各区战略叠加，还缺乏明晰的海洋开发与保护、海洋与陆地经济统筹、国内与国际关系协调的海洋经济发展与布局战略安排；② 我国基于各省、市、自治区海洋发展战略的开发活动，过度集中于海岸带和近海海域，俨然沿海地区陆地粗放经济开发模式的海向延伸，已经造成海岸带开发过度拥挤与近海环境质量下降，而专属经济区及深远海的开发意识和能力有待提高；③ 海洋传统产业的领军企业及产业集群在全球经济竞争中处于被“边缘化”或“低端化”的状态，产业升级面临风险和困难；④ 我国海洋经济发展需要处理与周边国家的国际关系，海洋问题争端使得深入的海洋开发战略推进面临空前挑战，也使得海洋开发更肩负维护海洋权益的艰巨使命。

（二）涉海产业布局带来严峻的环境问题

1. 海洋产业发展的环境效应

相对于经济发达的世界海洋大国，我国海洋经济整体发展还处于起步阶段。2012 年海洋第一、第二、第三产业增加值占海洋生产总值的比重分别为 5.3%、45.9% 和 48.8%。三大主导产业分别是海洋渔业、海洋交通运输业和滨海旅游业，都属于劳动和资本密集型的传统产业。作为第二梯队的造船业、海洋工程产业、海洋石油天然气产业和海洋石油化工产业，也大都属于资本密集型产业，其技术创新能力低于国际先进水平；海洋生物医药、海洋电力和海水综合利用产业近年发展迅速，但是所占比重较低，近期难以成为海洋主导产业。

不同海洋产业所带来的环境问题有着较大的区别，并且随着产业发展规模的变化和层次转变，其环境问题也会有所不同。尤其是稳定发展的大规模传统产业和中等规模较快发展产业，其运行和发展会成为产生环境问题的主要和直接影响因素，尤其是产业活动中的事故会成为海洋环境灾难的主要根源（表 2－1－4）。

表 2－1－4　我国海洋产业发展的环境影响

海洋产业部门	相对增幅	环境影响	环境影响程度
海洋渔业	＋＋	海洋生态系统损失	＋＋
海洋石油天然气	＋＋＋	海上溢油污染	＋＋＋
海洋矿业	＋＋＋＋	海底（海岸）破坏、海水污染	＋＋
海洋盐业	＋	滨海占地	＋＋
海洋化工	＋＋＋＋	向海洋排污	＋＋＋
海洋生物医药	＋＋＋＋	向海洋排污	＋＋
海洋电力	＋＋＋	滨海（风电）占地	＋＋
海水利用	＋＋＋＋	可能向海洋排污	＋
海洋船舶制造	＋＋＋＋	滨海占地	＋＋
海洋工程建筑	＋＋＋	滨海占地	＋＋
海洋交通运输	＋＋	海洋、大气排放	＋＋＋
海洋旅游	＋＋	旅游垃圾	＋＋

在涉海企业层面所表现的问题更为直接。旅游、渔业、海洋造船等产业其企业组织规模较小，产业集群层次偏低，企业生产和服务设施相对落后，企业环境责任意识和环境问题应对能力较低。海洋运输、海上石油、海洋化工等企业虽然具有较大规模，在国内处于强势地位，对其海洋环境

义务监督及污染约束乏力。

2. 海洋经济空间布局的环境压力

国家海洋经济发展战略在空间上表现为几乎所有的沿海省、市、自治区都成为各种称谓的“国家级”海洋经济或沿海经济区，并且还有如横琴、平潭、舟山等国家战略新区，使得海洋经济发展日益上升为“国家行为”，也必将导致沿海经济与海洋环境的关系变得日趋紧张。

按照国家海洋局的统计口径，我国的主要海洋经济分为环渤海经济区、长江三角洲经济区、珠江三角洲经济区。其中，环渤海经济区的海洋经济总体规模最大，而且近年增长依然比较强劲，在全国海洋经济的比重略有上升。环渤海区的海洋经济活动以资源密集型和劳动力密集型的传统产业为主，对岸线空间和海域生态环境产生较大的压力。加之未进入海洋产业活动统计口径的一些大型滨海产业园区和工程建设，甚至是诸多“滨海新城”建设，占用和破坏宝贵的自然岸线及近海空间，更带来长远时期的海域环境水体污染威胁。再考虑到我国长时期内陆经济发展所带来的排海陆源污染的历史累积效应影响，渤海海洋环境对于今后的滨海及海洋经济开发可谓已经“不堪重负”，需要海洋经济可持续发展与环境治理方面的“特别关照”（表2－1－5）。

表2－1－5　我国主要海洋经济活动分布及环境影响

海洋经济区	海洋环境影响
环渤海经济区	陆源污染较重；岸线及海域产业活动密度高，海洋环境压力大
长江三角洲经济区	陆源污染中等；岸线及海域产业活动密度较高，海洋环境压力较大
珠江三角洲经济区	陆源污染较轻；岸线及海域产业活动密度较高，海洋环境压力较大

第三章 世界沿海产业涉海工程布局现状与趋势

（一）世界沿海产业涉海工程布局的历史回顾

1. 欧洲古代的涉海产业活动及沿海工程

应该说，早期腓尼基人与雅利安人（其中的重要分支希腊人）在环地中海的海上发生交流与冲突，成为海洋经济活动和沿海港口设施建设的早期形态。而9世纪以来北欧维京人的沿海袭扰，客观上促成了以德国城邦为主的汉萨同盟的形成，也扩大了波罗的海和北海的沿海港口城市及沿海贸易设施建设。到16世纪，欧洲基本上形成以吕贝克和汉堡的中北欧汉萨同盟航线，以威尼斯和热那亚为中心的地中海航线等交织的网络，并在安特卫普、阿姆斯特丹和伦敦形成交汇，催生一系列大西洋沿岸港口群。

2. 欧洲地理大发现以来的沿海产业格局

17世纪的荷兰利用难得的南北欧海上交通枢纽位置，形成了海运中转以及海陆（主要通过内陆河流）贸易与运输枢纽。也成为其跟随西班牙和葡萄牙开辟全球贸易口岸和从事海洋运输的桥头堡。当然，随着人口剧增和临港产业活动（尤其是造船和国际贸易、国际金融等）的增加，其作为低地国家的沿海用地趋于紧张，这也是荷兰建设一系列涉海工程的基本动因（围填海造地解决城市、产业、港口建设需要）。客观上也促进了被殖民地区的沿海贸易口岸与城市建设。

18世纪以来的英国，不仅通过与西班牙、荷兰的海上竞争，而且通过尊重自然科学和推进科技创新应用，实现了本土工业化与产业国际化的同步推进，同时通过海外殖民和海洋贸易航线建设，促进了本国沿海贸易港口和殖民地国家沿海地区的近代化过程，并为全球港口建设和后来的海洋工程建设提供了一系列典范甚至国际标准。

3. 第二次世界大战后欧美国家沿海产业布局

第二次世界大战后，美国基于马歇尔计划对欧洲实施大规模重建计划，进一步强化了跨北大西洋美国东北部沿岸港口和欧洲西部沿海港口群的建设与布局。同时，苏伊士运河开通后，地中海—印度洋—太平洋航线日益繁忙，使得欧洲的北海、地中海沿海两列港口区出现竞争格局，并且通过欧洲大陆的铁路和运河开始对腹地的争夺。但是，随着欧洲战后重建高潮过去，以及20世纪80年代东亚经济的崛起，欧洲沿海和沿河港口群建设趋于平缓。英国有些港口进入衰退，港口经营国有化和私有化不断反复。20世纪70年代以来的北海石油开发，又导致苏格兰、挪威、丹麦等沿海国家的石油开发服务型港口和海洋工程的建设热潮。

美国作为欧洲大航海时代以来殖民基础上建立的国家，其沿海经济活动和涉海工程建设具有明显的“自由竞争”痕迹。首先是17世纪以来的沿海殖民过程，不同来源的殖民者形成了一系列“同构化竞争”的沿海小港口区群；19世纪40年代以后的西进运动，以及沿五大湖南岸的煤炭、铁矿、木材等资源开发利用，造就了一系列沿湖港口城市群，并通过竞争形成一系列专业化分工（芝加哥的农产加工与商业，底特律的汽车，克利夫兰的化工等）。竞争造成了资源浪费，也带来了竞争的效率和专业化分工。20世纪后期，随着美国制造业经济的份额降低，尤其是与大西洋对岸贸易量降低，开始出现港口间的兼并和整合过程，出现大型综合性枢纽港与小型专业化港口分工的复合型港口群格局。

（二）世界海洋空间规划动态

1. 欧洲海洋空间规划实践

海洋空间规划（marine spatial planning，MSP）包括沿海地区、海洋港口区，以及相关海域在内的海洋、陆地资源和空间范围，通过产业部门协调和空间协调，以促进和实现海陆资源的可持续利用，因此应该理解为海陆经济发展的统筹规划（overall planning）。区域性MSP主要是一个未来决策框架。通过一系列明确的功能：空间安置、在给定区域对EIA/SEA建议、知情同意过程、对于潜在的威胁和影响的研究、监控，这个计划为人类利用和支持决策的综合管理提供了框架。用以协调海洋空间及资源使用和海洋环境保护的利益关系（图2－1－1）。

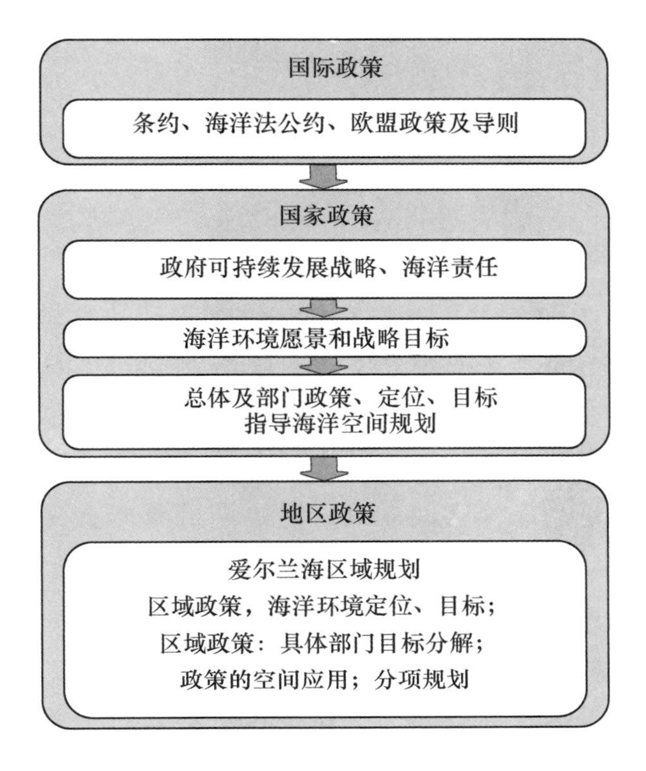

图 2－1－1　欧盟海洋空间规划政策框架

欧洲 MSP 通常被认为是发展性的环境性规划的基本组成部分。起初，MSP 这个创意是在发展海洋保护区（marine protected areas，MPAs）中被国际国内各方利益刺激而产生的，现在 MSP 更主要的是管理海洋空间的多种用途，特别是在使用冲突已经相当明显的区域。2005 年 3 月，欧洲委员会在 2007 年 10 月出版了《欧盟综合海洋政策》（An Integrated Maritime Policy for the European Union），将海洋空间规划列为其振兴海上欧洲的重要内容。并制定了规范国际、国家、地区层次衔接的海洋和海洋产业活动布局政策法规体系。

从 1978 年，荷兰、丹麦、德国在瓦登海（Wadden Sea）保护方面通过了政治协议“瓦登海计划”。通过存在的法律和利益集团参与而赋予的相关权利，这 3 个国家分别在本国实行计划并且展开相互合作。基于这个框架内的协作，设置最高层次的决策阶段。在两次政府会议期间，三方组织（Trilateral Working Group，TWG）平均每年召开 3 ~4 次会议。TWG 是由相关政府部门的公务人员以及地方当局权威专家组成。

另外，欧洲的海岸带综合管理工作通过科学、客观的评估方式推进。委托 Rupprecht 咨询公司和马耳他国际海洋机构联合组成第三方评估机构，对该项工作进行全面评估。通过独立调查问卷和数据测算，给出各国家的执行结果，对执行不力国家进行了“曝光”。

2. 北美海洋空间规划实践

美国于21世纪初期开始了基于海洋带综合管理的海洋空间规划。2010年7月美国正式发布的《美国海洋政策任务最终报告》，又特别强调了推进海岸带与海洋空间规划的对策措施。同时，各沿海州（如缅因州、罗德岛州、马萨诸塞州、佛罗里达州、加利福尼亚州、俄勒冈州等）已经先期开展较为详尽的海岸带与海洋空间规划，以协调沿海产业发展布局与生态保护的关系。

3. 大洋洲海洋空间规划实践

澳大利亚实施海洋空间规划与欧洲在人口、贸易、海洋安全和环境压力和责任都有很大不同。其制度性挑战来自于各个部门间以及中央和地方政府之间的利益分歧。其东南区域海洋规划是澳大利亚政府经过与东南州政府、行业代表、本土集团、海洋公社和其他与海洋环境有关的利益相关者磋商而形成。此规划于2004年颁布，覆盖了200万平方千米的东南海域，也包括联邦水域及专属经济区大陆架。

（三）主要经验与启示

世界海洋产业布局与涉海空间规划的经验表明：①建立国际、国家、沿海地方相协调的法律与政策框架体系，是实现沿海工程建设与海岸带可持续发展的基本前提；②利益相关者分析与整合，是解决沿海工程建设重复和不合理布局的内在机制；③依靠科学的现代化手段，进行跨行业、跨地区规划协调，是解决上述问题的现实工具；④提出具有共同价值取向的目标和战略部署方略，是引导解决现实问题的基本导向；⑤工程技术专家与战略咨询专家共同努力，是推进问题解决的保障。

第四章　我国沿海产业涉海工程区划战略定位、目标与重点

（一）战略定位与发展思路

1. 战略定位

通过吸取国内外历史经验教训，开展科学规划和工程可行性论证，谋求建立促进和支撑我国社会经济转型时期海洋强国战略需求，支持我国参与全球海洋国际竞争与合作，服务深远海开发与沿海经济可持续发展，带动和引领内陆经济开放与交流，保护海岸带与近海自然资源与环境的国际开放、动态调整、利益协调的涉海产业可持续发展与布局体系，提出具有现实意义和战略价值的涉海工程布局建议。

2. 战略原则

（1）战略引领原则。坚持以科学发展观指导下的海洋强国建设战略为总体引领，通过法规制定、政策引导、科技支撑、工程实施等措施，建立符合未来发展战略的涉海工程发展与布局体系。同时，调整已有不合理布局，推进动态有序的涉海工程的系统布局，克服个别地方政府、行业在涉海工程建设中的短期、非科学行为。

（2）海陆统筹原则。全面提升海陆并重开发与保护的思想意识，彻底扭转“重陆轻海”、“以陆定海”的项目布局决策惯例，通过精细化、立体化规划海域（海表、水体、海底）的区域功能，实施以海陆作为复合型整体空间规划，实现工程项目的海陆统筹布局。

（3）利益协调原则。合理划分和梳理涉海工程项目布局的利益相关者，尤其是注意约束强势部门和地方利益主体，整合提升弱势利益主体，明确海洋环境与生态相关主体代言人及其合法地位与合理诉求，通过规划制定和政策执行，促进利益相关者参与项目布局决策相关程序，提升项目布局的社会合理性与生态环境的可持续性。

（4）科技支撑原则。全面提升项目布局建设的科学论证水平，减少甚至杜绝涉海“豆腐渣工程”；通过技术改造和科学攻关，改造对海洋及海岸带造成破坏或者产生威胁的已建和在建项目，对于涉海战略新兴产业布局要注重布局选址和布局建设的高科技水准和严格规范要求，尤其是对于极端条件下、长远期和中远范围的可能负面影响做出评估和防范。

（5）工程推进原则。将涉海项目布局问题纳入工程化“系统集成”建设范畴，统筹所有海岸带及海洋软硬件工程建设，通过分类和分区实施全过程监督和协同管理，提出相应的规划方案和事故应对预案。具体涉海工程项目（群）布局需要全面的工程技术体系支持和创新服务，通过项目建设与布局提升工程技术创新能力，为我国中远期开展深远海重大系统工程提供经验积累。

（6）开放带动原则。海陆关联工程必须坚持对内对外开放，充分发挥东部沿海独特的区位优势，广泛利用国内国际海洋资源和技术的共享性，实施“走出去”战略，加大海洋开发领域的合作，把发展外向型经济作为促进海陆关联工程发展的重要推动力。

3. 发展思路

以科学发展观为宏观思想指导，以推进我国未来时期海洋强国战略为基本宗旨，充分借鉴海岸带与海洋开发与保护的国际经验和教训，清醒认识我国涉海工程建设与布局的历史和自然基础，建立和依据有关基本原则，通过统一思想和改革体制机制，整合与提升现有涉海工程布局水平，科学论证和合理规划布局未来重大涉海工程项目，建立具有强大支撑能力和合理分工水平的海洋强国软硬件工程体系。

（二）战略目标

争取到2020年，初步建立囊括各主要涉海产业（传统产业和战略新兴产业）和沿海主要海洋经济区（黄渤海、东海、南海经济区）的涉海工程布局区划协调机制及管理、监督体系；启动和建设面向深远海、极地、专属经济区、近岸海域（海岛）开发与保护的重大（软、硬件）工程建设。

争取到2030年，建成涉海产业和沿海主要海洋经济区涉海工程合理发展与布局体系；建成深远海、极地开发保护与内陆开发一体的全球尺度海陆产业关联轴带；建立面向海洋专属经济区开发与保护的海陆空天一体化高度信息化和工程化网络；初步建成海岸带（包括沿海－海岛、近岸－海底）纵－横－深贯通立体化网络（高速动车、高速公路、高速海运、海陆联通管道、信息网等）体系。

（三）战略任务与重点

1. 协调和提升享有沿海行业发展与布局规划

在整合已有陆地、海域功能区划中产业布局规划的基础上，制定和修编主要海洋产业（包括传统和战略新兴产业）以及主要涉海产业（尤其是滨海核电、滨海或临港化工、滨海或临港钢铁、滨海房地产业等）的海岸带布局（选址、用地、用海、周边关联与竞争）规划，使其纳入海岸带和海洋空间规划协调的范畴。

2. 建立面向深远海及专属经济区海域的海洋规划

重新审视已有沿海地区国家级涉海战略规划，结合已有的山东、浙江、广东省海洋经济区国家级战略试点经验，借鉴国际经验筹划，开展国家层面的海岸带与海洋空间规划（coastal and marine spatial planning）。尤其是要改变现有海洋经济区统计以河口三角洲命名（长三角、珠三角经济区）的做法，建立面向黄海、东海、南海专属经济区开发的海域经济区概念，开展围绕三大海域的经济综合规划重新编制，将分省可使用海域与国家专属经济区的经济功能区建设有机结合和整体提升。

3. 构建层次分明的海陆关联工程体系

学习借鉴深空探测基地建设全国布局经验[①]，优先建设面向中长期海洋强国战略，以深远海勘探开发和极地科考为宗旨的系列重大工程项目，并进行相应的布局网络可行性论证；针对不同海域的自然资源与环境禀赋，应对面向不同海域的周边国际（地区）关系和经济联系性质，建立具有针对性和前瞻性的沿海及陆地纵深工程服务体系；集约利用和规模化分工开发海岸线资源，注意保护天然岸线资源及生态环境，减少近距离、低层次重复产业布局；慎重审批和严格控制内陆迁海及用海项目，注意对其长期负面效应建立强制性限制机制，切实做到“以海定陆”。

---

① 我国在空间探测和开发领域国际领先，已经形成西昌、酒泉、太原等发射基地，北京、上海、西安、成都等指挥中心和研发基地，以及多处测控基地；已经形成航天产业布局体系。

第五章 重大海洋工程

（一）深远海勘探开发与极地科考服务基地工程

建议建立我国面向三大洋和南北极的勘探、开发、科考重大工程，依托三大海洋经济区的港口－城市群，以及区域涉海大学、研究机构，领军企业群，建立基于协同创新战略的深远海、极地服务基地。其中，建设面向太平洋、大西洋、印度洋，以及南北两极的服务基地①，可以考虑青岛、大连、天津面向北极和西北太平洋，上海、宁波、厦门面向东、南太平洋和南极，广州、深圳、三亚等面向印度洋，建设相应基地。

（二）海洋专属经济区开发补给与支持综合基地工程

建立以青岛、上海、广州为中心的黄海、东海、南海专属经济区开发补给和服务基地综合体建设，与国家海洋局的三大分局建设密切结合，实现区域性海洋经济开发与产业布局的有序分工与协调。

（三）国家海洋协同创新及产业化基地工程

学习借鉴美国、英国、瑞典、日本、韩国、澳大利亚的经验，集中全国海洋科技创新与产业化开发力量，推动国家海洋创新基地建设，近期尤其是要重视青岛蓝色硅核心区建设，争取成为服务于国家深远海开发的基础研究、应用研究及产业化示范基地。

（四）跨海（通海）区域合作工程

建立面向周边国家、地区一体化发展的陆－岛桥梁、海底隧道、海底管线（网）工程体系：主要包括烟台—大连，雷州半岛—海南，平潭岛—台湾、威海—韩国仁川等桥隧工程，以及渤海、东海、南海海底管网工程。

谋划论证和推进建设我国内陆沿河、沿路跨境通海廊道工程体系：主

① 美国的伍兹霍尔、斯科瑞普斯两大海洋中心实际分别面对大西洋和太平洋，阿拉斯加州有关机构和产业面向北极，加拿大、澳大利亚也有类似的海洋研究与开发相应机构与产业布局。

要包括推进大图们江倡议（GTI）项目下的我国吉林省借图们江通日本海；湄公河流域次区域合作（GMS）云南经湄公河至南海；云南借助滇缅公路和中缅输油管道到印度洋；西藏经巴基斯坦公路通向印度洋（阿拉伯海）；新疆经中亚国家（公路、铁路、管道）通向里海等。

（五）海洋立体化观测与信息服务网络工程

学习借鉴美国、加拿大、欧盟的先进经验，开展海岸带、近海、深远海一体化的（海—陆—空—天）立体式海洋监测网络，尤其是要建立自主开发的深海和远洋海洋观测与传感网络。开发海洋实时信息加工与处理体系，为海洋灾害预警、海洋产业发展等提供服务。

第六章　保障措施与政策建议

（一）在国家海洋委员会中设立专业委员会

成立国家海洋委员会，统筹协调国家重大海洋内政、外交事务，同时成立各专业管理委员会，包括成立国家海洋科技与工程管理专业委员会。

建议由国务院牵头，各相关部委参加，协调和行业、各省、市、自治区相关规划和计划，中国工程院等单位可以具体提供智力支持，推动国家涉海科技与工程整体战略的实施，进而推动涉海工程发展与布局。

（二）开展国家海岸带与海洋空间规划问题战略研究

评价已有海洋功能区划和海洋经济规划，启动中国特色海岸带与海洋空间规划，强化各规划协调和专项规划调整，整合各省、市、自治区（尤其是近邻省、市、自治区）的海陆一体空间战略布局，解决各省、市、自治区国家级战略中主要涉海行业布局冲突的问题。

真正以海洋为主体，涵盖海岸带和专属经济区，服务于深远海和极地开发与勘探，结合各省、市、自治区现有沿海规划，提出我国开展海岸带与海洋空间规划的可行性和具体路径，提出相应的规划编制方案。

（三）启动重大海陆关联布局工程示范项目

根据国家海洋强国建设需要，并通过征询各行业和地区重大涉海工程项目，集中论证一批具有国民经济拉动作用和战略意义的项目，学习航天工程、三峡工程经验，集中人力、物力开展首批重大涉海工程建设。

建议近期以南海开发服务基地建设为示范，结合三沙市建设予以推进；同时，以青岛蓝色硅谷内的国家海洋实验和深潜基地综合项目群建设为示范，建设面向深远海开发的国家海洋创新基地工程。

主要参考文献

国家海洋局海洋发展战略研究所课题组 . 2011. 中国海洋发展报告[M]. 北京:海洋出版社.
全国人大常委会法制工作组编 . 2010. 中华人民共和国海岛保护法释义[Z]. 北京:法律出版社 .
杨金森 . 2006. 中国海洋战略研究文集[M]. 北京:海洋出版社.

主要执笔人

卢耀如　中国地质科学院 中国工程院院士
刘曙光　中国海洋大学 教授
于谨凯　中国海洋大学 教授
叶向东　中共福州市委党校 研究员
于君宝　中国科学院烟台海岸带研究所 研究员

专业领域二：海陆联运物流工程发展战略研究

第一章　我国海陆联运物流工程发展的战略需求

（一）国家宏观层面

（1）引导优化生产力布局，带动区域经济协调发展（统筹区域）。通过港口规划布局和开发引导外向型开发区、出口加工区、重化工业沿海布局与发展，提升东部沿海地区经济社会发展水平，通过通向内陆的公路、铁路、管道、内河等带动中西部地区的经济发展。

（2）促进工业化和城市化，服务并实现国家现代化（统筹城乡）。通过发展港口经济，振兴港口城市，以临港产业集聚为支撑，接纳农村劳动力和人口向城市转移，提高国家工业化和城市化水平。

（3）参与经济全球化，促进国际交流和国际化水平（统筹国内国外）。通过港口海运，可以充分利用国际资源和国际市场，促进我国与国际间经贸、文化、技术交流，促进经济全球化并提升我国国际化水平。

（4）积累开放开发经验，促进管理体制和机制创新（统筹经济社会）。沿海经济开发区、保税区（保税港区）的发展，为制定对外开放和经济社会综合配套政策、实行管理体制与实施机制创新积累经验。

（二）城市中观层面

（1）促进 GDP 增长。通过港口引导资源要素在港口城市的集聚发展，港口经济具有高强度投资和产出的特征，是城市经济发展增长极。

（2）培育政府税源。临港经济开发区、临港大型重化工企业、港口海运企业和港航关联服务业是港口城市政府重要的税收来源。

（3）提供就业岗位。港口经济三类行业可以为全社会创造许多直接或间接的就业岗位，有利于缓解社会就业压力。

（4）改善投资环境、提升城市影响力。港口往往是招商引资的前提条件；通过港口海运与国际间的交流，港口城市具有综合竞争力强、国际化水平与知名度高的特征，如新加坡、香港、上海等。

（三）港口微观层面

（1）有利于拓展港口功能。主要是拓展了港口在促进临港工业开发、城市商贸、现代港口物流和港口航道金融保险等方面的功能，围绕港口延伸形成港口航道产业链。

（2）培育稳定货源利润源。临港经济开发区和临港工业的能源、原材料和产成品运输是港口最稳定可靠的非竞争性货源，是港口企业稳定的利润来源之一。

（3）提升港口的枢纽地位。港口经济的发展壮大，扩大了港口基础设施和运输规模，增强了与公路、铁路、管道、内河等运输方式的有效衔接，有利于巩固和提升港口在综合运输体系中的枢纽地位。

第二章 我国海陆联运物流工程发展现状

一、港口发展现状

海陆联运是我国“北煤南运”、“北油南运”、南北物资交流以及外向型经济向内地辐射的重要形式；承担着我国南北物资交流和对外贸易运输的双重任务；是国民经济和社会发展的基础性、先导性产业，也是竞争激烈的服务性行业；是我国国民经济及对外贸易发展的晴雨表。沿海港口是海陆联运物流的节点和枢纽，是我国经济社会发展的基础设施和对外开放的主门户，也是参与全球经济合作与竞争的战略性资源和区域经济发展的引擎。

（一）发展特点

1. 港口设施建设与生产取得突出成就，港口布局不断优化

新中国成立以来，我国港口发展经历了恢复生产、起步建设、全面建设、系统发展和全面提升的5个阶段。2001—2010年，我国沿海港口吞吐量年均增速16.4%，平均每年增长约5亿吨；同期外贸吞吐量增速也达16.0%。进入“十二五”以来，由于受国际国内经济形势影响，海洋交通运输业增速放缓，2012年沿海港口吞吐量67.5万吨，较上年增长10.1%。

截止到2012年年底，全国沿海港口拥有生产用码头泊位6 500个，其中万吨级以上深水泊位超过1 900个，总通过能力超过65亿吨，集装箱通过能力超过1.7亿标准箱。在国内投资放缓、国际航运业不景气的情况下，“十二五”前两年目标基本完成。2011年和2012年沿海港口共新增通过能力8.4亿吨，新增深水泊位204个。其中煤炭、原油、集装箱、铁矿石四大类货物运输系统码头新增通过能力约4.5亿吨。经过改革开放以来的高速发展，我国港口实现了由20世纪80年代的严重滞后、压船压港问题突出，到90年代末的“瓶颈”制约得到较大程度的缓解，已经达到基本适应国民经

济的发展需求。

国务院2006年审议通过的《全国沿海港口布局规划》，将我国沿海港口划分为5个港口群：环渤海地区港口群、长江三角洲地区港口群、东南沿海地区港口群、珠江三角洲地区港口群和西南沿海地区港口群，并形成煤炭、石油、铁矿石、集装箱、粮食、商品汽车、陆岛滚装和旅客运输8个运输系统的布局。按照该规划，我国环渤海、长江三角洲、东南沿海、珠江三角洲、西南沿海将形成5个规模化、集约化、现代化的港口群体。在沿海港口大力发展的基础上，全国南、中、北三大国际航运中心框架已初步形成：以香港、深圳、广州三港为主体的香港国际航运中心，以上海、宁波、苏州三港为主体的上海国际航运中心，以大连、天津、青岛三港为主体的东北亚国际航运中心和北方国际航运中心。随着国际航运中心的大力建设，我国上海、深圳、宁波－舟山港、青岛港等的集装箱吞吐量高居世界前列，国际竞争力显著提高。

2. 港口集疏运体系基本形成，转运功能稳步提升

目前，我国港口集疏运网络已初步形成，在集装箱运输方面，主要以公路为主，在全国港口集装箱集疏运量中占80%以上。近些年来，国内港口开始注重铁路和水运集疏运方式的完善，大连港为加强港口对东北腹地的辐射功能，率先提出了“公共班列经营人”的经营理念，并相继开通了至沈阳、长春、哈尔滨、延吉、吉林和满洲里的集装箱班列，大大促进了大连港海铁联运的发展。而沿海主要集装箱干线港如上海港、深圳港、天津港、宁波－舟山港等港口近年来积极与国际航运公司合作开发国际航线，并已形成近远洋航线相结合、基本覆盖全球主要港口的国际航线，上海、深圳等集装箱干线港已成为各大船公司全球集装箱班轮运输网络的重要节点。

3. 港口信息化建设不断推进，信息服务功能持续提升

目前，中国主要港口区域的EDI网络已基本建成，连接了上万个EDI用户，上海、天津、青岛、宁波－舟山港等沿海集装箱枢纽港口的集装箱EDI系统已达国际先进水平，在国际集装箱运输中近80%的运量实现了电子数据交换，取得了显著的经济和社会效益，已成为国家港口航道运输生产中不可缺少的技术手段。同时，良好的信息化基础也为中国港口发展现

代物流提供了基本条件。

4. 物流基础设施快速发展，物流服务能力不断提升

改革开放以来，我国港口立足于港口装卸、转运服务，以及理货、船舶供应等配套服务，不断加强服务创新，积极利用自身优势开展物流业务。

一些港口正在积极探索港口物流发展的新模式，其中的典型代表有上海罗泾新港的"前港后厂"模式，以及一些沿海主要港口建设"无水港"，构建港口内陆物流服务网络的模式。"前港后厂"模式即由港口的经济腹地生产专业的某种商品，然后利用经济腹地与港口间的便捷交通，迅速而稳定地将成品输送至港口，再由港口负责运输，达成出口贸易。矿石、木材等原材料加工出口一般采用这种模式。"无水港"模式是依托区域通关政策、便捷交通、环境现代信息手段建立起来的拥有海港功能的内陆区域性物流中心，它拥有港口的各项功能，相当于把港口搬到了内陆，为内陆地区打开了一扇通往海洋的大门。

5. 港口"软环境"不断改善，综合服务能力逐步提升

近年来，国家相继出台了《港口法》、《港口经营管理规定》等一批法律和规章，完善了港口法规体系。而随着上海、大连、天津三大国际航运中心建设的不断加快，中国航运服务体系已初步建立，港口金融、保险、咨询、信息服务等衍生行业得到了较快发展。同时，港口管理体制改革不断深化，初步建立了政企分离的港口行政管理体系，理货服务、引航服务、船舶供应服务和拖轮助泊服务等港口配套服务业也得到快速发展。"软环境"不断得到改善，大大促进了港口又好又快发展，港口服务功能逐步加强。

6. 打造区域性国际航运中心，提升港口群综合竞争力

青岛、大连、天津三大港口建设成为区域性国际航运中心，增强在东北亚地区综合竞争力，优化腹地资源配置；海南海口、洋浦港，广西钦州港建设面向中国—东盟自由贸易区和国际开放开发的区域性国际航运中心，打造面向东南亚的航运枢纽、物流中心和出口加工基地。

7. 加强港城一体化建设，合理调配资源要素，建造和谐的人居环境和产业发展空间

2011 年 6 月 30 日，国务院批准在我国唯一的群岛型设区市，舟山设立

首个以海洋经济为主题的国家级新区——浙江舟山群岛新区。2012 年 1 月 6 日舟山大宗商品交易中心正式开业，向国际物流岛迈出坚实的一步。港口物流步伐加快，已由地方小港口发展为区域性水－水中转大港，港口与城市发展紧密地结合在一起，因港兴城、以城促港。

（二）发展趋势

我国沿海港口发展面临以下新形势：①国民经济的平稳较快发展对运输的需求仍将持续增长，需要港口进一步提高保障能力；②国家区域发展战略的实施，要求沿海港口发挥在产业布局发展中的基础性先导性作用；③经济全球化深入发展和应对国际金融危机，要求沿海港口继续发挥资源配置枢纽作用；④我国国民经济和社会的转型发展，要求沿海港口着力由规模速度型向质量效益型转变；⑤深入贯彻落实科学发展观，要求沿海港口必须走资源节约、环境友好的发展道路。

就国际形势而言，海陆联运需求更加旺盛，海上运输船舶向大型化、专业化发展，海陆联运组织日趋联盟化。沿海港口在参与全球经济活动、发展综合运输体系、发展现代海陆联运物流业中的作用更显突出。①随着世界经济发展中心的变化，世界航运中心正在向中国转移。②石油、铁矿石、粮食、集装箱等外部需求发生变化，我国港口吞吐量将发生结构性变化，结构多元化态势明显。③建立更方便快捷的交通疏运网络，完善多式联运体系，协调发展各种集疏运方式。④我国港口将进一步向资源节约型、环境友好型方向发展。⑤开展区域化发展策略，多港口联合发展，促进资源的合理调配，优势互补。⑥急需发展有效的协调、管理机制，从宏观上协调各利益相关方，实现海洋资源的最合理开发利用。

因此，港口发展要特别强调集约化、规模化和效益优先的原则。在港口发展战略研究中，我们应该重点利用系统工程的思路，以提高经济效益为中心，研究煤炭、外贸进口原油、外贸进口铁矿石、集装箱等重点物资合理的专业化运输系统和大型、专业化码头布局；根据沿海各区域经济的发展特点，研究环渤海地区、长江三角洲地区、东南沿海地区、珠江三角洲地区、西南沿海地区的港口布局规划，形成各区域规模化、集约化和现代化的港口群体。

（三）发展展望

1. 国内需求方面

（1）从行业整体角度，总吞吐量、外贸吞吐量持续高位高速（10%以上）增长的时代基本结束，向着高位小幅平缓增长方向转变。

（2）从分地区角度，发达地区、传统大型港口（上海、深圳等）吞吐量增幅放缓，少数港口甚至会出现下降；欠发达地区港口（唐山）、中小型新兴港口（盐城、泰州等）生产运输仍能实现较快增长。

（3）从企业经营角度，开始由粗放型经营管理向精细化经营管理转变，积极拓展物流、商贸、临港工业等功能，并与上下游抱团联合形成供应链，对外广开货源利润源，对内节能降耗并严控各项成本。

2. 港口供给方面

（1）从港口整体角度，每年新增设计能力5亿吨、投资600亿元以上的高速扩张时代基本结束，基建规模开始缩减，改造平稳发展，对新建项目持积极谨慎的态度，注重把握投资节奏；通过放缓施工进度、分期配套设备堆场、推迟或延长试营运期等，降低融资压力、减少财务成本，减缓利润下降甚至减亏，并减缓新增产能投放对既有装卸运输市场的冲击。

（2）从沿海分地区角度，城市化和工业化水平高、经济发达地区的港口基建规模缩减；城市化和工业化水平相对较低、经济欠发达的辽西、河北、苏北、宁德、漳州、粤东、珠海、北部湾地区和海南省等岸线、土地资源丰富、临港产业布局空间大，港口基建规模仍然较大。

（3）从政府核准角度，中央政府开始由重视港口基础设施能力建设转向布局规划、市场准入和实施机制等制度的完善，项目核准难度增加、周期延长，并有趋于谨慎之态势，以求得在一定程度上平抑地方政府容易过高的建港积极性，应对社会上“港口重复建设”之声音。

二、跨海大桥发展现状

（一）跨海大桥概况

我国真正意义上的第一座跨海大桥是东海大桥，于2005年5月25日实现结构贯通。目前，国内已建成了6座大型跨海大桥：东海大桥、杭州湾大桥、舟山大陆连岛工程跨海大桥、胶州湾大桥、象山港大桥和厦漳跨海大桥。正在建设的大型跨海大桥有港珠澳大桥等，规划建设的有琼州海峡工程、浙江六横大桥等。

（二）技术特点

跨海大桥建造的关键技术包括：跨海大桥混凝土结构耐久性，高风速海域的跨海大桥抗风性能，地震高烈度区的跨海大桥抗震特性，跨海悬索桥钢箱梁安装技术，跨海特大跨径悬索桥缆索系统关键材料，跨海大桥结构分析技术及施工控制方法。由于不同海域的建设环境复杂多变，且跨海大桥将向特大跨径、超大跨径、深水海域、组合体系的方向发展，未来跨海大桥的建设将面临诸多技术挑战。

（三）我国大型跨海大桥案例——杭州湾大桥

1. 主要工程特点

（1）工程规模浩大。大桥工程全长 36 千米，海上桥梁长度达 35.7 千米，无论对大桥施工组织管理，还是对将来运营管理都带来许多新难题。

（2）自然条件较差。水文、气象条件复杂，潮大流急，有效作业时间短，年均仅 180 天左右。工程地质条件较差，软土层厚达 50 米，南岸浅滩区 10 千米范围内存在浅层沼气，对大桥基础施工有影响。

（3）施工条件差，制约因素多。南岸滩涂区长达 9 千米余，施工作业条件受到限制。

（4）建设工期紧。大桥计划于 2008 年建成，由于海上 18 千米长的引桥采用 70 米整孔预制吊装方案，受船机设备控制；南岸滩涂区近 10 千米引桥采用 50 米整孔预制梁上运梁方案，有一个工作面，海上作业距离长、工作量大，要按期完成大桥建设，必须重视施工方案和施工组织设计。

（5）结构耐久性和景观要求高。大桥处于海洋强烈腐蚀环境，对大桥结构耐久性影响很大。另外，大桥地处我国经济高度发达的长三角地区，对大桥景观要求很高。

2. 关键技术

（1）70 米箱梁整体预制架设。桥址处风大浪急，自然条件恶劣，统计资料表明，一年有效工作日仅为 180 天左右，为加快桥梁建设，减少海上作业量，简化海上施工工序，改善施工作业环境，杭州湾大桥 70 米预应力混凝土连续箱梁采用整体预制架设的方案。70米梁预制件重量达2 160吨，采用运架一体专用浮吊吊装架设。无论从预制节段长度还是吊装重量均居于国内领先水平。箱梁均在梁场预制，混凝土质量有保证，有利于提高箱梁的耐久性。

（2）大直径钢管桩的应用。桥址处水流条件复杂，主要体现在水流流速大且流向多变，实测表面最大流速达5.17米/秒；同时地质条件恶劣，河床冲刷剧烈。通过综合比较，水中区采用钢管桩基础。钢管桩具有力学性能较优、经济性较好等优点，尤其是在减少海上作业量、加快施工速度方面更具优势。针对不同区域的设计条件，分别采用直径1.5米和1.6米钢管桩基础，材质为Q345C，最大桩长88米。为增强钢管桩局部刚度、桩基防船撞及防腐，钢管桩自高程－12.0米以上范围内（约12米）填筑混凝土，并设置钢筋笼。钢管桩采用环氧粉末涂层，并辅以牺牲阳极阴极保护法联合防腐方案。

（3）预制墩身方案。杭州湾大桥水中区墩身采用预制墩身方案，桥墩在预制厂整体预制，利用大型船舶运至墩位处吊装。墩身预制方案可减少海上工作量，施工周期短，养护条件好，有利于加快工程进度和保证工程质量。

（4）50米箱梁整体预制架设。南岸滩涂区桥梁总长10.1千米，受海潮涨落的影响，施工设备及建筑材料运输困难，是杭州湾大桥施工难度较大的区段。滩涂区采用50米预应力连续梁方案。施工方案采用整孔预制、梁上运梁、架桥机整孔架设。箱梁均在梁场预制，混凝土质量有保证，有利于提高箱梁的耐久性。50米预制箱梁重量达1 430吨，运输和架设技术难度大。实现50米大型箱梁整孔架设是国内外桥梁建设史上的一个创举。

（5）施工栈桥规模宏大。滩涂区受涨落潮影响较大，运输条件十分恶劣，钻孔桩施工只能采用栈桥方案，利用栈桥搭设钻孔平台及运输材料。由于滩涂区长达10余千米，因此，栈桥规模浩大，是杭州湾大桥一大特色。

（6）浅层天然气区桥梁基础设计。滩涂区基础设计另一大难点是在初勘及详勘阶段均在局部区段发生井喷现象。勘探表明，桥址处局部区段富含天然气。由于在国内尚无在浅层天然气富集区修建大型桥梁的先例，为此，重点研究了浅层天然气对桥梁结构、施工、耐久性等方面的影响，制定了合理的浅层气区基础型式，采取积极主动的控制放气及增大端阻力与发挥桩侧阻力增强效应的对策，并对桥梁施工提出了指导性意见。

（7）桥梁耐久性设计。杭州湾跨海大桥明确提出桥梁设计寿命为100年，这在国内尚属首次。由于目前国内没有对于桥梁结构耐久性设计为100年的相应标准及规定，成立了专题小组，对杭州湾大桥耐久性设计做了深入研究和探讨。调查表明，杭州湾地区混凝土结构腐蚀的主要原因是氯离子的侵入导致钢筋锈蚀。为此，杭州湾大桥耐久性方案从材质本身的性能出发，以提高混凝土材料抗氯离子渗透为根本，并辅以其他补充措施。并根据结构类型、所处的位置确定满足结构耐久性的具体措施。包括：① 钢管桩防腐措施。采用“环氧粉末涂层＋牺牲阳极阴极保护法”联合防腐措施。② 混凝土结构防腐措施。采用高性能混凝土，提高混凝土密实度，增强抵抗氯离子渗透能力；适当加大钢筋保护层厚度；保留钻孔桩施工用钢护筒；重要部件采用环氧涂层钢筋。③ 采用球形耐候支座。

（四）我国大型跨海大桥案例——胶州湾大桥

1. 技术难点

山东高速胶州湾大桥所属海域建设概括起来有5个方面的难点：①冰冻期长，大桥所处胶州湾海域冰冻期60天左右；年平均冻融循环50次；②含盐度高，胶州湾海域海水含盐度为29.4～32.6，接近国内其他跨海大桥含盐度的2倍；③环保要求高，青岛市为国家级旅游城，大桥的建设首先要与环境协调，大桥所处海域生态尚处于良性循环状态，海洋生物丰富，对建设、运营期间环保要求很高；④通航、航空双重限制，舱口航道桥通航标准为1万吨轮船，通航净空为190米×40.5米，航空限高为87.5米，桥面以上塔高、拉索布置的空间有限；⑤跨越海域大，大桥海上段长度25.171千米。

2. 技术创新

（1）防腐蚀体系新：大桥受盐害、冻融、海雾、台风、暴雨、工业排放物等多重腐蚀环境的综合作用，腐蚀环境恶劣，防腐蚀体系具有独创性。

（2）施工工艺新：大桥自开工以来取得多项企业新纪录，混凝土套箱无封底技术为世界首创。通航孔桥钢箱梁大节段吊装工艺、旋挖钻机开挖海上直径2.5米桩群、基于RTK和VRS技术的全桥GPS测量定位系统，均创了国内施工新纪录。

（3）设计结构新：通航孔桥斜拉桥采用分辐西索钢箱梁形式和销结耳板锚固方式，结构简单明快，具有独创性；自锚悬索桥采用大跨径独塔260米单空间索面结构，主梁为双边钢箱梁 + 横向连接箱结构，取消了海中悬索桥大型锚碇基础，结构造型恢弘。锚固体系在设计上独具匠心；非通航孔桥首次大规模采用双幅分离的60米跨预应力混凝土结构型式，整孔预制吊装，施工工艺先进，设计合理，提高了施工质量、大大加快了施工进度。

（4）建设运作模式新：国内首座通过项目法人国际招标，采用BOT管理模式建设管理的海上特大型桥梁工程，由国内大型企业对桥梁的施工、运营和移交进行管理，与国际大型项目管理模式逐步接轨，是将我国大型桥梁工程管理水平推向国际化的一次历史性尝试，将为我国桥梁建设管理体制提供新的参考和借鉴。

（5）管理手段新：应用4D技术和4D管理理念形成了山东高速胶州湾大桥4D施工管理系统，为国内首创；采用银团贷款、银行承兑汇票与人民币利率掉期业务等融资模式相结合的方式融资，为国内重大项目融资模式创新首创。

（五）与世界的差距

自20世纪90年代以来，我国自主建设了大量的大跨径桥梁，无论规模、数量、跨径均已名列世界前茅，我国已无可争议地步入了世界桥梁大国行列。但与日本、丹麦、德国、英国、法国、美国等传统的桥梁技术强国相比，我国在核心技术研发能力和自主创新能力上还有一定的差距。悬索桥、斜拉桥作为跨海特大跨径桥梁的首选桥型，代表了桥梁工程的最前端技术成就。近30年来，世界悬索桥和斜拉桥的规模、功能、造型和相应的建造技术越来越大型化、复杂化和多样化，新材料、新设备、新结构和施工技术等也日新月异，特大跨径桥梁正在成为多学科高新技术的复合载体。

三、海底隧道发展现状

（一）海底隧道现状

我国海底隧道的建设起步较晚，目前由我国自行设计的已完成的大型海底隧道有两条，分别是厦门翔安隧道和青岛胶州湾隧道。琼州海峡、台湾海峡以及渤海湾等世界级跨海隧道工程也正在酝酿论证。

我国第一条由国内专家自行设计的海底隧道是厦门翔安隧道。它位于中国福建省厦门市，为连接厦门岛和翔安区的公路隧道。厦门翔安隧道于 2005 年 8 月 9 日正式动工建设，2009 年 11 月 6 日全线贯通，2010 年 4 月 26 日上午 9 时正式通车。设计使用寿命 100 年。它是世界上第一条采用钻爆法施工的海底隧道。

青岛胶州湾隧道是一座位于华东地区青岛市的海底隧道，是中国最长的海底隧道。它穿越青岛胶州湾湾口海域，隧道两端分别位于青岛市市南区的团岛和黄岛区的薛家岛。隧道于 2006 年 12 月 27 日动工，并于 2010 年 4 月 27 日贯通，2011 年 6 月 30 日 14 时正式通车。

（二）技术特点

水下隧道的主要修建方法有以下几种：围堤明挖法、钻爆法、TBM 全断面掘进机法、盾构法、沉管法和悬浮隧道。围堤明挖法受到地质条件限制，且生态环境破坏严重，不经常采用。而水中悬浮隧道现在还停留在研究阶段。到目前，还没有一项成功实例。水下隧道施工经常使用的方法有钻爆法、盾构法、TBM 法和沉管法。

跨海隧道设计施工具有以下技术特点：① 深水海洋地质勘察的难度高、投入大，而漏勘与情况失真的风险程度增大。② 高渗透性岩体施工开挖所引发涌/突水（泥）的可能性大，且多数与海水有直接水力联系，达到较高精度的施工探水和治水十分困难。③ 海上施工竖井布设难度高，致使连续单口掘进的长度加大，施工技术难度增加。④ 饱水岩体强度软化，其有效应力降低，使围岩稳定条件恶化。⑤ 全水压衬砌与限压/限裂衬砌结构的设计要求高。⑥ 受海水长期浸泡、腐蚀，高性能、高抗渗衬砌混凝土配制工艺与结构的安全性、可靠性和耐久性，以及洞内装修与机电设施的防潮去湿要求严格。⑦ 城市较长跨海隧道的运营通风、防灾救援和交通监控，需有周密设计与技术措施保证等。做好工程地质、水文勘察与超前预报，着力提高遇险应变能力，得出与工程实际结合的、合理可行的技术措施和应对险情的工程预案，特别是如何解决好施工“探水”、“治水”和“防塌”三大技术难点，是跨海隧道施工成败的关键。

（三）我国海底隧道案例——厦门翔安隧道

厦门翔安海底隧道是我国大陆第一条海底隧道，隧道最深在海平面下约70米，工程总投资约36亿元人民币。它是一座兼具公路和城市道路双重功能的隧道。厦门翔安隧道不仅是我国内地第一条海底隧道，也是第一条由国内专家自行设计的海底隧道，隧道采用钻爆法施工，按双向6车道设计，行车速度为80千米/小时。

1. 工程特点

（1）V形纵剖面，下坡施工，施工排水量大。海底隧道洞口高，中间低，纵剖面呈V形，下坡施工，水（围岩渗水和施工用水）不能自流排出，施工中必须制订完善的排水方案，采用足够的排水设备不间断地排水，施工供电也必须安全、可靠、不间断。

（2）国内第一，技术含量、标准要求高。隧道穿越海底施工过程中遇到很多技术难题，其中有多项世界级的技术难题，因而在施工中必须进行必要的科研试验，以解决施工中的关键技术问题，这充分体现了海底隧道科研先导的施工理念。

（3）地质条件复杂，水量大，水压高，施工难度大。该隧道经过陆域、浅滩带及海域3种地貌。在陆域和浅滩地带，基岩全强风化带厚度较大；在海域，3条隧道累计穿越风化槽总长度为1 118.5米。此类全强风化岩体强度低、自稳能力差。另外，隧道轴线上海水最深为30米，而且受岩石风化节理、裂缝、风化槽的影响，分段涌水量大，在0.7兆帕高水头压力下，开挖扰动后，极易发生涌水和塌方，给隧道正常施工带来很大的安全隐患。

（4）断面大，工法多。主隧道按3车道设计，最大开挖断面尺寸为17.04米×12.55米（170平方米）；根据隧道区域地质条件，主要采用CRD工法、双侧壁导坑法、上下台阶法施工。

（5）隧道结构防腐、抗渗要求高。工程使用年限按照100年设计，采用复合式衬砌结构，陆域隧道二次衬砌为C30防腐蚀混凝土，抗渗等级为P8，海域隧道二次衬砌为C45高性能防腐混凝土，抗渗等级为P12，同时采用具有抗海水侵蚀的喷射混凝土，钢筋网为V级，风化槽采用钢拱架组成初期支护，取消系统锚杆，钢拱架接头处设锁脚钢管，在初期支护和二次衬砌之间，选择PVC防水板和系统盲管做排水系统，确保满足隧道设计使用年限的要求。

（6）施工风险大。地下水是海底隧道施工中的最大风险。海底隧道与一般山岭隧道最明显的差异，就是其水源是无限的海水。由于工程大部分区域是在水下，地质条件具有较强的多变性和不可确定性，稍有不慎，很有可能在施工中发生涌水、突水、造成隧道持续坍塌或严重进水，如采取措施不当，将对施工人员和机械设备造成极大的威胁，甚至导致工程报废，造成无可挽回的损失。

（7）标段划分。整个隧道分为4个标段，其中A1标和A2标位于隧道进口，A3标和A4标位于隧道出口，将两个竖井和服务隧道按工作量的大小和施工方便进行分配。

（8）环保、水保、文明施工要求高。厦门岛是国内著名的海滨旅游城市，风景优美，地域特色明显，翔安隧道设计施工理念新颖，隧道建设的社会意义重大，对环保、水保、文明施工要求高。

2. 工程重点

（1）超前预报预测。厦门翔安海底隧道地质复杂，最关键的技术问题就是做好施工期的综合超前地质预测预报、信息化指导设计与施工。通过TSP、红外探水、地质雷达、超前水平钻孔等各种方法的运用，相互对照、相互补充，提高物探成果解译水平和地质预报精度。将此作为勘察地质资料的补充，在基本掌握前方施工地质情况后，确定合理的施工方案和施工对策，确保工期、施工安全和质量。

（2）隧道结构防水施工。在陆域段，隧道二次衬砌混凝土抗渗等级为P8；在浅滩和海域段，隧道二次衬砌混凝土抗渗等级为P12。施工中，隧道上受海水威胁，下受地下水的影响，地下水以基岩裂隙水为主，大气降水和海水为补给源，地下水沿裂隙渗入隧道而出现滴水或溢流，甚至会出现涌水现象。如何保证工程的防水质量以及达到防水效果是海底隧道施工的一个重点工作，主要采取如下措施：①采取“以堵为主”的施工原则，通过超前地质预报系统准确分析前方地质破碎带情况；②采取超前帷幕注浆，超前小导管和中空锚杆注浆，后注浆等防水措施，将隧道开挖面周围的涌水或渗水封堵于结构之外；重视初期支护背后注浆防水，基本实现初期支护无渗漏；③重视衬砌背面排水层的施作，保证隧道第二道防线。重视在初期支护背后充填注浆的施工，确保初期支护不渗不漏；④加强结构的自防水能力，封闭渗漏水在初期支护之外，二次衬砌结构在无水条件下施工，确保二次衬砌施工质量；⑤采取分区防水形式，充分保证防水板的防水效果。

（3）耐久性混凝土施工。海底隧道对混凝土结构耐久性提出更高的要求。由于海底隧道大部分处于水域之下，地下水水质与海水十分接近，均属于 Cl-Na · Mg 型，为了防止钢筋和混凝土的腐蚀，采取措施如下：①在隧道结构混凝土（包括喷射混凝土和二次衬砌混凝土）施工过程中，采用先进的施工工艺和检测手段。进行严格的过程控制，确保混凝土结构的耐久性；②根据工程施工条件进行温控设计，防止温度裂缝出现。

（4）隧道监控量测。海底隧道对施工安全性的要求远高于陆地隧道。施工中必须进行监控量测与信息化施工。它是保证隧道安全的有效手段。为掌握围岩开挖过程中的动态和支护结构的稳定状态，应采取如下措施：①将监控量测作为一道重要工序。在施工的全过程中，实施全面、系统的监测工作，并将其作为一道重要工序纳入隧道施工中，留足时间，配齐人员；②根据监测数据，动态设计，动态施工。根据隧道围岩条件、支护类型和参数、施工方法编制量测计划，按照设计要求的监测频率和方法进行监测，通过对量测数据的分析和判断，对围岩－支护体系的稳定状态进行预测，判断隧道和围岩是否稳定，从而指导施工，反馈设计，据此确定相应施工措施，确保围岩及结构稳定、安全。

（5）隧道施工安全风险管理。由于海底隧道施工条件的复杂性，决定了其施工必须以安全为前提，施工中应遵循“预案在先、规避风险”的原则。海底隧道施工中的最大威胁是掘进中的突水、涌泥及坍塌，一旦出现突水、涌泥事故，将对人员、设备及工程造成极大的损失。因此，除采用各种有效的工程措施以保证施工安全和结构安全外，还要对可能出现的意外制订应急措施，尽可能将损失降到最小。主要应急措施包括报警装置、排水设备和逃生路线规划等。同时配置洞内安全监控体系，通过高度自动化的连续、跟踪、系统检测，及时发现安全隐患，制订应急对策并快速组织实施，从而确保施工安全。

3. 成果总结

（1）在软弱大断面海底隧道施工，首次采用了改进的 CRD 工法和分工序变位控制法，使围岩变形控制在允许范围内。

（2）对隧道顶板厚度小于隔水层厚度的富水砂层地段，根据浅滩地表条件，因地制宜地优选了地表连续墙分仓截水，仓内井点降水和洞内超前钢花管注浆加固的辅助工法；并针对海水对砂层注浆的影响，研究提出了相应的海水砂层注浆参数，确保了注浆效果。以上主要成果对隧道安全穿越富水砂层段起了关键作用。这些成果具有创新性，也是国内长大海底隧道首次开发应用。

（3）针对不同地质条件的风化槽，研究应用了复合注浆技术，提出了穿越风化槽综合施工技术。在确保安全施工的前提下，采用非全断面注浆降低了造价，工期由8个月缩短到两个月。

（4）研究了海底硬岩控制爆破技术。提出了海底硬岩爆破临界振动速度限值和循环进尺，以及覆盖岩层临界厚度。这些成果确保了海底隧道施工的安全，也提高了硬岩掘进效率。

厦门翔安海底隧道经过4年8个月的建设，圆满完成建设目标，取得了工程质量优良与施工零死亡率的优异成绩和重大技术突破，成就了国内第一条也是迄今为止世界上最大断面钻爆法海底公路隧道。

（四）与世界海底隧道的对比

中国海底隧道工程起步虽晚，但其建造水平已跨入世界先进行列。其中，在翔安海底隧道施工中，“穿越富水砂层综合施工技术”、“软弱地层大断面海底隧道施工稳定性控制研究”等技术均达到世界领先水平。该隧道还攻克了海水渗漏的世界级难题，有效降低设备设施遭海水腐蚀的可能性，翔安海底隧道建设运营科研成果总体上达到国际领先水平。胶州湾海底隧道在设计建造过程中充分汲取了翔安海底隧道的建设经验，作为中国最长、世界第三长度的海底隧道，也为国际所认可。

然而，修建一个大型水下隧道工程，一些理念仍需要更新：① 修建任何工程应遵守少拆迁、少占地、少扰民、少破坏周边环境的原则。② 海底隧道方案，应满足交通宜疏不宜集的原则，应方便乘客多地点过海，应安全可靠。③ 过海的方案应遵守确保建设全过程的安全风险最小，应按安全、可靠、适用、经济、先进的次序进行。④ 同时，海底隧道的施工具有环境复杂性、工程动态性和时效性的特点，是一项高风险的地下工程，存在较高的风险源，需要综合考虑安全、经济、耐久性、适用性、生态环境保护等各个因素，并贯穿于勘察、设计、施工、运营等各阶段。

第三章 世界海陆联运物流工程发展现状与趋势

一、发展现状与主要特点

（一）大型港口发展现状

迄今为止，世界港口经历了从第一代到第四代的发展历程：20 世纪 60 年代前为第一代港口，主要承担靠人力与机械相结合大宗货物运输；60—70 年代为第二代港口，主要功能是承担大宗散、杂货的运输；80—90 年代为第三代港口，主要功能是承担大宗货及带单位包装的货物运输；90 年代之后，世界港口进入第四代发展阶段，其基本特征可以归结为先进的物流交易功能，港口在整个物流供应链中扮演十分重要的角色。

在 2008 年世界性金融危机之后，东北亚地区率先实现了地区经济的回升，促进了世界经济的复苏。伴随着亚洲经济的快速增长和制度的持续完善，世界航运中心转移和多元化的趋势越来越明显。统计显示，21 世纪初期鹿特丹港集装箱吞吐量领先于全球大部分港口，然而随着东北亚经济的发展，亚洲部分港口集装箱吞吐量开始超越鹿特丹港。上海港作为目前的世界第一大港，依托中国强劲的经济增长，国际航运中心的地位不断巩固。

1. 东北亚港湾发展历史与现状

东北亚港湾泛指中国上海以北（包括台湾省）、日本、韩国、朝鲜和海参崴海岸所围成的海域。目前地处东北亚的中、日、韩三国的主要港口之间为争夺区域枢纽港的地位存在着激烈的竞争。以釜山港为例，近年来，在中国港口快速发展的挤压下，釜山港的集装箱业务呈衰退趋势，集装箱吞吐量增长缓慢。

2. 欧洲代表性港口发展现状

欧洲港口按照地理位置分布，可分为三大区域：西北欧、英国和南欧。

其中，西北欧主要港口包括：汉堡、不来梅、鹿特丹、安特卫普；英国港口包括：费列斯通、南安普顿；南欧港口包括：巴塞罗那、瓦伦西亚、马赛。

汉堡港

汉堡港位于德国易北河下游的右岸，濒临黑尔戈兰湾，是德国最大的港口，也是欧洲第二大集装箱港。始建于1189年，迄今有800多年的历史，已发展成为世界上最大的自由港，在自由港的中心有世界上最大的仓储城，面积达50万平方米。

汉堡港有别于其他海港，那就是它位于欧洲自由贸易联盟和经互会这个欧洲市场的中心，从而使它成为欧洲最重要的中转海港，它是德国重要的铁路和航空枢纽，市区跨越易北河两岸，市内河道纵横，多桥梁，在易北河底有横越隧道相通。工商业发达，是德国的造船工业中心，主要工业除造船外还有电子、石油提炼、冶金、机械、化工、橡胶和食品等。港口距机场约15 千米。

鹿特丹港

鹿特丹港是欧洲最大的港口，它是远洋货物进出欧洲的大门。近年来，随着亚洲港口吞吐量的快速增长，鹿特丹港在世界港口中的位次下移，目前是世界第七大港口。鹿特丹港最重要的临港产业是石油工业和一般性货物运输。它是向欧洲和世界其他地区运输大批量货物的主要港口。

450年来，鹿特丹港从一个古老的小港，发展成今天世界十大港口之一。在这个过程中，其发展经历了多个阶段。从小小的水城，到新兴的贸易都市；从港口的建设，到因为土地不足向周围扩张；从河港逐渐走向大洋；从纯粹的货物运输，到发展多样化经济，成为包括石油、矿石、集装箱运输及临港工业的多元化大港；从单一的水运，到铁路网、公路网、水运网的连通，并通过建设物流园区最终形成海陆物流一体化的世界大港。

（二）国际主要港口发展特点

1. 以大型深水港为核心枢纽，协调发展各类集疏运方式

荷兰鹿特丹以鹿特丹港为枢纽，建成了四通八达的海陆疏运网络：高速公路与欧洲的公路网直接连接，覆盖了欧洲各主要市场；铁路网与欧洲各主要工业地区相连，直达班列开往许多欧洲主要城市；水上内河航运网

络与欧洲水网直接联系。依托发达的集疏运网络，鹿特丹港已成为储、运、销一体化的国际物流中心，重点通过一些保税仓库和货物分拨配送中心进行储运和再加工，提高货物的附加值，然后通过海陆联运方式将货物运出。

2. 采用灵活、先进的港口运营和管理模式

欧洲鹿特丹港和安特卫普港都采用“地主港”模式，即：政府委托特许经营机构代表国家拥有港区及后方一定范围的土地、岸线及基础设施的产权，进行统一开发，并以租赁方式把港口码头租给国内外港口经营企业或船公司经营，实行产权和经营权分离，特许经营机构收取一定租金，用于港口建设的滚动发展。这种模式的主要优点是管理部门和经营业主之间的责职划分清晰，各自定位明确，为港口物流的健康发展提供了良好的软环境。

德国汉堡港发展了“自由港”模式，“自由港”指设在国家和地区境内、海关管理关卡之外的允许境外货物、资金自由进出的港口区。汉堡港给予客户大量的优惠政策支持，对进出汉堡自由港的船只和货物给予最大限度的自由，全面带动了金融、保险等第三产业的发展，并促使汉堡成为德国的金融中心之一。

3. 努力构建先进、完善的港口公共电子信息化平台，提高港口“软实力”

比利时的安特卫普港设计建立了两套高效的现代化电子数据交换系统：信息控制系统和电子数据交换系统。港务局利用信息控制系统引导港内和外海航道上的船舶航行，私营企业则利用电子数据交换系统来进行信息交换和业务往来。电子数据交换系统还与海关的服务网络系统以及铁路公司的中央服务系统并网，从而为广大客户提供一体化的综合信息服务，提高了海陆物流联运效率。

新加坡政府建成了 Tradenet、Portnet、Marinet 等公共电子信息平台，形成了先进完善的信息服务系统，可以为港口物流相关的用户提供船舶、货物、装卸、存储、集疏运等各类信息，全面实现了无纸化通关，达到了为每位客户“量身定做”的服务水准，吸引了大量的港口物流货源。

4. 全面推进港城一体化建设

港城一体化的实质是根据港口和城市的内在联系，通过建立协调机制，在一定程度上，将各自独立的经济实体整合为步调一致、相互共生的利益

共同体的过程。目标是整合区域要素和资源重组，协调各利益集团关系，提供一个和谐的人居环境和产业发展空间。

荷兰鹿特丹港是典型的港城一体化国际城市，拥有约 3 500 家国际贸易公司，并拥有一条包括石油化工、船舶修造、港口机械、食品等产业部门的临海沿河工业带。鹿特丹港总增加值占当地城市 GDP 的 40%。

德国汉堡港在港城一体化过程中的主要做法包括：在港口与城市间建立集办公区、服务产业区、文化娱乐区、商业贸易区、旅游健身区和居民区为一体的现代化“城中城”；将各具特色的城市建筑在能源、环保方面实行统一标准；注重港城基础设施建设，完善港口与城市交通网络。

港城一体化建设对促进我国海陆联运物流工程的发展具有十分重要的战略意义，因港兴城、以城促港，打造港城一体化的“活力之城”是促进现代物流业发展的关键推动力。

5. 大力发展港口群

纽约－新泽西港口群采用地方主导型竞合模式，主要特点是共同组建港务局，统一管理与规划。这种模式在较小的区域范围内特别是港口位置非常接近、港口数量有限的情况下比较合适。

日本东京湾港口群最大的特点就是由国家主导，运输省负责各港口的协调，港口群实行错位发展，共同揽货，整体宣传，提高知名度以及同国外港口相抗衡的能力，避免港口间的过度竞争。

欧盟通过欧洲海港组织（ESPO）协调管理整个欧洲地区的海港，协会主导的最大特点是既能保持各港口的独立性，又能保护港口之间公平的竞争环境，通过议会的形式来协调各个港口之间的利益。这种模式的建立需要以高度发达的市场经济、较为完善的法律制度为基础。

（三）国际跨海大桥发展现状

1. 大型跨海大桥概况

1964 年 4 月，结构复杂精巧的美国切萨皮克湾隧道大桥正式通车，桥体融合了人工岛、沉管隧道和大桥 3 种形式，可谓美国桥梁建设工程历史上值得骄傲的杰作。1988 年 4 月，连接日本本州冈山县和四国香山县的濑户内海大桥建成通车，由两座斜拉桥、3 座吊桥和 3 座桁架桥组成。1998 年 8 月，大贝尔特海峡大桥纵身横跨于丹麦大贝尔特海峡之上，将西兰岛和菲英岛连接在一起，全长17.5千米，由西桥、海底隧道和东桥3部分组成，从而又一次缔造了“天堑变通途”的神话。2008年5月1日，南起宁波慈溪、北至嘉兴海盐的杭州湾跨海大桥成功全线通车，包含了我国250多项自主创新成果。

随着技术的不断进步，世界各地纷纷开始修建大型跨海大桥，长度，宽度也都随着时间的推移逐渐增加。跨海大桥的技术已经逐渐成熟。正在不断走向大型化和深水化。

跨海大桥相较于内陆桥来说有以下几方面特点：① 桥梁跨度长，工程量大；② 施工建造条件复杂；③ 桥梁维护困难，强度耐久性要求高；④ 需要考虑对近海航道和海洋环境的影响；⑤ 需要量身制作采用全新技术。

跨海大桥的建造主要分以下几个步骤：① 根据实际地形以及跨度需求确定桥梁型式和几何构造；② 计算设计载荷、确定设计方法、材料强度需求及安全系数、结构分析、疲劳设计和使用耐久性分析等多方面因素综合评估。

2. 大型跨海大桥案例——濑户内海大桥

众所周知，交通物流系统是区域经济活动生产、流通、分配、消费诸环节及各部门和各地区间实现有效联系的纽带，是区域经济机体的循环系统，各国跨海大桥的建设，首先带来的直接效应就是交通物流系统的大幅度提速。

在这方面，日本的跨海大桥建设特别具有代表性。日本是一个多岛之国，全国由4个面积较大的岛——北海道、本州、九州、四国以及多个小岛组成，海峡和海湾众多。它们就像一道道天然的屏障，隔断了日本各岛之间的陆路交通，但同时也为日本发展跨海大桥带来了挑战和机遇。

在大桥的建设过程中，日本的工程技术人员用了诸如“海底穿孔爆破法”、“大口径掘削法”和“灌浆混凝土”等技术，克服了许多难以想象的困难，终于建成了这座技术先进、造型美观的现代化钢铁大桥。这座跨海大桥总长度达37千米，跨海长度为9.4千米。其最长的一处吊桥（两座桥塔间距离）长达1 100米，世界第一。耗资超过11 000亿日元（约84.6亿美元）。

濑户内海大桥通车后，为本州和四国的交通物流带来的便利是不言而喻的。驾车或者乘坐火车穿越大桥只需大约20分钟。而在大桥建成之前，渡船摆渡需要大约 1 个小时。

大桥在上层路面设有两条高速交通主道，在下层路面设有一条铁路线和一条用于新干线行驶的附带线路。这样的全面设计，把日本国内的铁路和公路网络联系在一起，共同构筑了一个广阔纵横、四通八达的交通网，形成了一个巨大的物流运输系统。

3. 大型跨海大桥案例——加拿大诺森伯兰海峡大桥（联邦大桥）

诺森伯兰海峡特大桥也叫联邦大桥，位于加拿大的诺森伯兰海峡，设计寿命为 100 年。该桥长为 12 930 米，跨度为 14 ×93 米 +165 米 +43 ×250 米 +165 米 + 6 ×93 米，有效宽度为 11 米（两车道），桥下净高为 28 米（一般位置）和 49 米（航道位置）。海峡最窄处约 13 千米，冬季的气象条件非常恶劣，海峡冰冻封闭。在设计中对桥梁结构的最大制约条件为冰块与风产生的横（侧）向荷载。每个桥墩高达 30 兆牛的横向水平荷载必须由抗剪强度很低的不连续的泥岩层来支承。

影响本桥的设计与施工的主要因素为诺森伯兰海峡的恶劣气象条件和较短的施工季节。为使包括养护管理费用在内的长期的资金计划在将来没有很大的出入，要求结构物的各部分构件能发挥出最大的耐久性。制定了以下一些条件：在现场的气象条件下应有优越的施工性能；水下与海上作业应尽量减少；应具有已施工的实践资料；使用寿命应在 100 年以上。

主桥部分采用 250 米的跨度，上部结构与下部结构都是预制拼装构造。主桥部分的预制构件有墩座、带有防冰体的墩身、梁的主节段、与嵌入节段 4 种类型。

墩身的上部是变截面的八角形空心构造，下部设有底部直径为 20 米的圆锥形防冰体。此防冰体位于海面标高处，设置目的是为了要减少冬季的冰压力。防冰体的混凝土强度为 100 兆帕。墩身预制件的总重量约 4 000 吨。墩身预制件与墩座之间的连接部分设置有剪力键、高强度压浆以及 U 形预应力钢索（提供后张预应力）。

梁体采用单室箱梁，主节段的长度为 190 米，主节段的墩顶部分被称为锤头，为了减轻其重量，锤头部分采用钢制的 A 形横隔构架作为横隔梁。

组成主桥上部结构的另一构件是嵌入节段。此梁段长约 60 米，其重量为 1 200 吨。嵌入节段分为两种类型：用于锚跨的合拢节段，用于伸臂之间的悬挂节段。后者两端与伸臂端之间采用铰接。

（四）国际海底隧道发展现状

1. 海底隧道发展概况

海底隧道是在海底建造的连接海峡两岸的隧道，是供车辆通行的。海底隧道大可分为海底段、海岸段和引道3部分。其中海底段是主要部分，它埋置在海床底下，两端与海岸连接，再经过引道，与地面线路接通。通常来说建造海底隧道还要同时在两岸设置竖井，安装通风、排水、供电等设备。

据不完全统计，国外近百年来已建的跨海和海峡交通隧道已逾百座。其中，挪威所建隧道占大多数。国外著名的跨海隧道有：日本青函海峡隧道、英吉利海峡隧道、日本东京湾水下隧道、丹麦斯特贝尔海峡隧道、挪威的莱尔多隧道等。

2. 技术特点

水下隧道的主要修建方法有以下几种：围堤明挖法、钻爆法、TBM全断面掘进机法、盾构法、沉管法和悬浮隧道。围堤明挖法受到地质条件限制，且生态环境破坏严重，不经常采用。而水中悬浮隧道现在还停留在研究阶段。到目前，还没有一项成功实例。水下隧道施工经常使用的方法有钻爆法、盾构法、TBM法和沉管法。

3. 海峡海底隧道工程的特殊性

显然，修建海峡海底隧道不同于陆地上的隧道工程，也不同于跨江河的水下隧道。相对而言，有以下一些主要特点：① 在广阔的深水下进行地层地质勘察比在陆地上更困难，造价更高，而准确性较低。② 在海峡海底隧道的设计中，合理地确定隧道的最小岩石覆盖层厚度十分重要。③ 对海峡海底隧道覆盖层的渗透特性和渗水形式的详细调查研究也非常重要。④ 为了保证隧道施工的安全，在隧道或导洞的掌子面进行超前探测钻孔和超前注浆，对海峡海底隧道来说显得更为必要。⑤海底隧道衬砌上的作用荷载，与陆地隧道有很大的不同。⑥海峡海底隧道在隧道线路上布置施工竖井的可能性很小。因此，连续的单口掘进长度很长，从而对施工期间的通风及运输等一些后勤工作提出了特殊要求。施工工期也会很长，选择合理的、快速的掘进方法和掘进设备，直接关系到工期和投资问题。

4. 著名隧道案例——英法海底隧道

英吉利海峡隧道（The Channel Tunnel）又称英法海底隧道或欧洲隧道（Eurotunnel），是一条把英国英伦三岛连接往欧洲法国的铁路隧道，于 1994 年 5 月 6 日开通。它由 3 条长 51 千米的平行隧洞组成，总长度 153 千米，其中海底段的隧洞长度为 3×38 千米，最小覆层厚度 40 米，是当时世界上最长的海底隧道。两条铁路洞衬砌后的直径为 7.6 米，开挖洞径为 8.36～8.78 米；中间一条后勤服务洞衬砌后的直径为 4.8 米，开挖洞径为 5.38～5.77 米。主要采用掘进机法修建。

隧道横跨英吉利海峡，使由欧洲往返英国的时间大大缩短。通过隧道的火车有长途火车、专载公路货车的区间火车、载运其他公路车辆（大客车、一般汽车、摩托车、自行车）的区间火车。

英法海峡隧道兴建史可分为 3 个时期：1802—1875 年，修建隧道的主张逐渐兴起，但缺乏实现的技术可能性；1875—1963 年，工程方案进一步发展，积累了必需的资料；1963 年至 80 年代后期：克服政治、管理、财政等方面的障碍，开始修建隧道。该项目具有以下特点。

（1）高度重视环境影响。在建造英吉利海峡铁路隧道的决策中有一个举足轻重的影响因素。欧洲委员会制订了一个长期的运输战略，即发展电气化铁路网以减小汽车对环境的污染。欧洲铁路委员会还提出了 2000 年欧洲高速铁路系统的建议，在这个计划中欧洲隧道的一端连接英国的各大城市；另一端连接包括法国、比利时、瑞士、荷兰、西班牙、意大利等国在内的欧洲大陆铁路网。

（2）利用私人资本建设大型基础设施的尝试。建造英吉利海峡通道，财务问题成了实施的关键。1981 年 9 月 11 日英国首相撒切尔和法国总统密特朗在伦敦举行首脑会谈后宣布，这个通道必须由私人部门来出资建设和经营。1985 年 3 月 2 日法、英两国政府发出对海峡通道工程出资、建设和经营的招标邀请。此后收到过 4 种不同方案的投标。1986 年 1 月两国政府宣布选中 CTG-FM（Channel Tunnel Group-France Manche S. A.）提出的双洞铁路隧道方案。

（3）项目管理——以合作和协调克服分歧和对抗。隧道公司高层管理人员认为，“工程技术问题相对来说解决得比较顺利，主要教训来自组织机构、合同和财务方面”。该项目涉及众多的“相关人”（stake holders）和

“当事人”（parties），包括英、法两国和当地政府的有关部门，欧、美、日本等220家贷款银行，70多万个股东，许多建筑公司和供货厂商，管理的复杂性给合作和协调带来了困难。合同是合作的基础。掘进工程采用的目标费用合同（target cost contract）是比较合理的，因而掘进工程基本上按计划完成。

（4）项目“孵化”是项目成败的一个关键。项目孵化是指从提出项目设想到论证、立项和组建主办机构的过程。欧洲隧道经历和面临的危机，其原因可追溯到它的孵化期。项目在论证阶段曾聘请多方面的独立咨询的交通专家进行预测。普遍认为1992年之后的15～20年内跨海峡的交通需求可能会翻一番。

5. 著名隧道案例——青函隧道

青函隧道（日文：青函トンネル），是一座位于日本北部的海底隧道，目前长度世界第一（仅次于预定2017年通车的圣哥达基础隧道）。其连接日本本州岛与北海道岛之间的津轻海峡，隧道两端各位于青森县的东津轻郡、今别町的滨名与北海道、上矶郡、知内町的汤之里。全长53.85千米，海底部分长23.30千米，本州岛陆上部分长13.55千米，北海道岛陆上部分长17.00千米，最小曲线半径6 500米，最大纵坡12‰，海底段最大水深140米。隧道为双线设计，标准断面宽11.9米、高9米，断面80平方米。除主隧道外，还有两条辅助坑道：一是调查海底地质用的先导坑道；二是搬运器材和运出砂石的作业坑道。相较于今日以电气化列车经过隧道通过津轻海峡所花费的30分钟，从前以渡轮渡海，需时长达4个小时，因此隧道工程完成后，大大缩短了本州与北海道间的交通时间。

青函隧道工程可以说“是与水和长度的斗争”。如在青函隧道施工中，先后开发了先进的钻探技术，注浆堵水，喷射混凝土施工工法等技术。而且对超长超大隧道的测量、材料输送、快速施工以及防灾设备等技术的开发也做了大量有效的努力。

日本青函隧道总体来说岩石破碎松软，岩脉纵横穿插，工程水文地质条件很差。针对复杂地质，隧道设计关键技术问题主要有：地质条件探明；用灌浆对高压涌水的处理；耐海水侵蚀的衬砌材料和防渗处理；缩短工期的高速掘进施工法；高效率的通风和排水措施；快速经济的混凝土喷射和锚固。这些技术对修建海底工程有着普遍意义。

二、面向2030年的世界海陆联运物流工程发展趋势

（一）港口的“四化趋势”

当今世界经济在持续增长的同时，出现了一体化的趋势。为适应这一经济形势，国际港口的发展出现了船舶大型化、运输集装箱化、海运大型化和深水化的趋势。海运的大型化、深水化、集装箱化对港口的发展提出了更高的要求，尤其是船舶大型化对港口自然条件和设备要求更高。大力加强港口建设，扩大港口规模，是当前港口发展的显著特点。在目前排名全球前30位的集装箱港口中，已有20个以上具有15米以上的深水泊位，10万吨级以上的集装箱码头、20万吨级以上的干散货码头以及30万吨级以上的原油码头也屡见不鲜，而且更大吨级的超大型深水码头已在建设和规划之中。

（二）现代港口的高科技化和信息化

信息网络时代的到来使得港口日益成为其所在城市的公共信息平台，以现代的数码、定位信息和网络技术为支撑，代替了传统的人力机械支撑。实现港口体系信息化、网络化是使现代港口成为国际物流中心的重要策略措施之一。不管是鹿特丹港还是安特卫普港等世界大港在这方面都加大了投资力度，以更好地适应信息化社会的快速发展。

（三）世界港口竞相打造世界性或区域性国际航运中心

世界港口在地理布局上正在向网络化方向发展。以全球性或区域性国际航运中心的港口为主、以地区性枢纽港和支线港为辅的港口网络，已经成为目前的趋势。在现代港口与经济腹地的关系上，港口日益成为其所辐射区域外向型经济的决策、组织与运行基地。以港口为核心的现代化大城市，正在朝着建设世界性或区域性国际航运中心的方向阔步前进。

（四）重视环境保护与资源节约成为港口建设的一项重点工作

以实现可持续发展、保护环境为目的的节能和提高能源效率，是发达国家近年来非常关注的重要领域。为此，各国都相应采取了一系列的节能对策和措施。尤其是金融危机的对经济的冲击，使得“降低成本、节约资源”成为关键性的措施。港口的发展亦不例外，就拿美国来说，美国的节

能政策特点可以概括为“胡萝卜加大棒”。其节能政策、法规分为两类：一类是强制性要求，以法律、法规形式颁布执行。例如，在美国洛杉矶港推行了靠泊船舶必须强制使用岸电的要求，就是一项有代表性的强制性节能和环保措施。另一类是通过财政激励措施鼓励用户使用更高能源效率标准的产品。例如，各码头公司普遍使用具有节能标识的节能灯具，是一种企业自觉行为，但会受到政府财政激励。

（五）加大力度缓解运输拥堵

汉堡港为了将港口的辐射范围能够延伸到欧盟扩大后的东欧市场，大力发展远程集装箱铁路运输，通过租用铁路线、跨境收购铁路站股权等方式，开通了至波兰等东欧国家的五定班列，并使德国铁路部门也加入到汉堡港铁路集疏运体系的建设过程中，开辟了港口公司通过商业化方式经营跨境集装箱铁路专线的先河。与此同时，美国港口当局也发现物流供应链上最脆弱的联结就在港口大门之外，连接海港的公路的拥堵和铁路能力的不足正导致货物交付时间延长和运输成本增加。目前也在加大资金和技术投入力度来改善这一情况。

（六）加强港口间协作

每个港口都有自己的特点，但是所有港口都面临着一个共同的问题——环境问题。在面临环境问题时，如果单个港口行动，势必会增加其经济成本，使其处于不利的地位。这也正是世界上许多港口所面临的困境，一方面想提高港口环境质量；另一方面又害怕增加其经营成本、降低港口竞争力的状况。在美国，很多港口因此寻求合作共同应对环境问题及其带来的不利因素。例如，加州 CAAP 行动要求洛杉矶港和长滩港统一行动；货物运输行动计划（下称 GMAP）将加州所有港口都包括进来统一行动；NPCAS（西北港口清洁空气战略）联合 3 个位于普吉特海湾港口（其中一个位于加拿大）共同实现减排目标，这 3 项行动都是通过区域合作来应对环境问题的范例，避免了单独行动给港口造成的不利影响。

（七）实行灵活的港口管理模式

欧洲港口面对港口物流发展中的挑战，采取了适合市场化、商业化的港口管理模式，有效地调动了多方积极因素，促进了港口物流的发展。

汉堡港、鹿特丹港、安特卫普港的港口管理和运作模式相似，都实行

“地主港”模式，即港口管理部门负责建立法律法规、建设港口基础设施、管理港区土地、监控船舶动态、监管市场秩序等，而货物装卸、存储、物流等业务则完全由私营公司来经营。为了对物流链进行战略投资，鹿特丹港务局成立了鹿特丹枢纽港控股公司对外有限公司。通过公司大力参与建设内陆码头和腹地交通网，积极参与物流服务以及其他类型的港口产业，产生“产业互补”的功效。

（八）世界航运中心将向中国转移

国际航运中心也在世界各个港口的竞争下，随着世界经济中心的变换，以及各大区域贸易量的改变而不断转移。中国实行改革开放以来，国际商品、资本、生产要素加快了向亚洲地区转移的速度，中国也持续保持着经济的快速增长，逐步融入全球经济一体化的“链条”，成为世界经济发展的引擎之一。在亚洲地区经济贸易快速发展的推动下，亚洲航运业得到长足发展，国际航运资源向亚洲地区进一步集聚，其重心正在向东亚，尤其是向中国转移。当前，中国正在建设以渤海湾、长三角、珠三角三大港口群为依托的三大国际航运中心，即以天津、大连、青岛等港口为支撑的北方航运中心；以江浙为两翼，上海为中心的上海国际航运中心；以深圳、广州、香港为支撑的香港国际航运中心，正是顺应了世界经济中心东移和中国经济快速发展的要求。

（九）现代港口成为全球物流链整合的重点

物流链时代，港口竞争的重点从港口的成本（劳动力、土地、服务价格）最小化转化为港口物流活动对货主所产生的总效益最大化；由原来以个体形式出现的竞争演变为港口所参与物流链的整体竞争。在新的经济环境下，打造技术密集型的“智能港”以及发展“虚拟物流链控制中心”已成为当前港口物流发展的主要特点和趋势。

（十）建设大深水、远距离大型跨海通道

随着各国大型跨海通道的不断建成通车，跨海通道设计建造技术已经日臻完善，由跨海通道为两岸经济生活文化沟通带来的优势已广为人们所接受。接下来进一步增加跨海大桥建造范围，在更深海域，建设更长距离的跨海通道已经逐渐提上日程。选择合适的地理位置建设国家间和洲际跨海通道逐渐达成了共识。

三、国外经验教训

（一）世界港口发展经验

根据世界港口发展的现状及主要特点，以鹿特丹港、汉堡港、釜山港、纽约－新泽西港口群、欧洲港口组织等世界知名大港为对象，通过研究几大港口的发展模式及发展特点，针对不同港口定位、不同地域特点，结合我国具体国情，可以得出如下几条经验。

（1）政府的地位十分重要，行政管理作用突出而明显。港口发展是国家开展对外贸易的关键环节，港口的有效合理发展，是国家对现有资源优化配置的根本保障。因此，港口的建设要以国家规划为蓝本，以政府调控为手段，同时政府对港口建设的相关政策也主导着港口未来的发展趋势。

（2）以大型深水港为核心枢纽，协调发展各类集疏运方式。目前我国岸线上的港口已接近饱和，优良岸线已充分利用。进一步提高港口规模和港口通过能力的最佳手段是大力发展大型深水港，港口向海发展，充分利用近海资源，同时大型深水港口的建成有利于港口扩大服务范围，发展大型深水泊位，从质量上得到有效的提高。同时协调发展集疏运方式，在现有公路运输的基础上，加大海空联运，尤其是海铁联运的比例，提高港口集疏运能力，从而提高港口服务效率。

（3）采用灵活、先进的港口运营和管理模式。在现今港口大型化和规模化的趋势下，港口的运营，管理决定着港口的生死存亡。只有选用正确的运营方案和管理模式，才能保证港口内部健康有序和合理高效的发展。

（4）构建先进、完善的港口公共电子信息化平台，提高港口“软实力”。大力发展港口信息化平台，提高港口服务质量，加大对大型港口的优惠政策，不断提高港口软实力，增强港口运营效率，构建优良的口岸环境，是招商引资、发展大型港口的有效手段。

（5）全面推进港城一体化建设。推进港城一体化建设，以港兴城，以城促港，双方合作共赢，通过港口促进城市的发展，同时利用城市建设发展，为港口争取更多的机遇，

（6）大力发展港口群。加大力度进行环渤海港口群、长三角港口群、东南沿海港口群、西南沿海港口群和珠三角港口群五大港口群建设、促进区域协调发展，优化产业布局，实现区域物流体系的构建，优化货运结构、

通道的调整与调配。避免港口过度竞争造成的资源浪费，同时通过港口群建设，加强合作，促进资源优化配置。争取在国际物流贸易中争得有利席位。

（二）典型案例分析——鹿特丹港

鹿特丹港作为拥有450年历史的海洋深水大港，从20世纪60年代起就一直保持着世界第一大港的地位，但仍然不断加强泊位建设，更新设备，提供许多特别服务。在集疏运体系、港口运营管理模式、港城一体化建设方面均有可借鉴之处。

目前，衡量港口的指标主要包括港口吞吐量、港口规模、集疏运体系、港口码头泊位等基础设施、物流园区建设、法律政策等软环境等。这里分别从鹿特丹港发展历程及以上几个方面对鹿特丹港近10年的资料进行分析，为我国港口物流发展提供借鉴。

1. 港口规模

鹿特丹港区是鹿特丹市的主体，占地100多平方千米，港口水域277.1平方千米，水深6.7～22米，航道无闸，冬季不冻，泥沙不淤，常年不受风浪侵袭，最大可泊54.4万吨超级油轮。

450年来，鹿特丹港从一个古老的小港，发展成今天世界十大港口之一。在这个过程中，其发展经历了多个阶段。从小小的水城，到新兴的贸易都市；从港口的建设，到因为土地不足向周围扩张，最终由河港逐渐走向大洋；从纯粹的货物运输，到发展多样化经济，成为包括石油、矿石、集装箱运输及临港工业的多元化大港；从单一的水运，到铁路网、公路网、水运网的连通，并通过建设物流园区最终形成海陆物流一体化的世界大港。

港口的发展最主要的决定因素是港口规模，鹿特丹港的整个发展历程实际上就是一个不断向外扩张的过程。从1947—1974年，鹿特丹在新水道建成了3个大港区。第一个是博特莱克港，包括港区及工业区在内占地面积为12.5平方千米。港区内建有各种专用码头和集装箱船、滚装船、载驳船作业区。第二个是欧罗港区，占地面积为36平方千米。通过疏浚航道后，低潮时最大水深可达22米，可停靠20万吨级的油轮和8万吨级的散货船。第三个是马斯弗拉克特港区，占地33平方千米。它是利用沿岸浅滩，经过疏浚而建成的。港区在新水道入海口以南，伸入海域达5千米，低潮时，港内水深也能维持在 19～23 米。上述三大港区构成了鹿特丹港的主体。然而港口多样化的发展，港口仓储面积的增加，港口企业的入驻，都需要用地。而港口周围可用土地不多。在发展过程中，鹿特丹港逐渐走出鹿特丹主体港区，向大洋扩展，并最终成为世界级大港。

鹿特丹成功的案例也表明，建离岸型深水港、围海造陆建港、利用优良岛屿建港是内陆用地面积紧张后港口发展的最佳途径。

2. 港口货运结构

鹿特丹港近些年的吞吐量调查表明，鹿特丹港货物结构中大宗过境货运占货运总量的 85%，其中原油和石油制品占 70%，其余为矿石、煤炭、粮食、化肥等。进出口主要对象国为德国、英国、法国、意大利等。

随着世界经济中心的向亚洲转移，鹿特丹港集装箱吞吐量逐年呈下滑趋势（表 2－2－1）。但欧洲另一主要港口汉堡港集装箱吞吐量大幅减少，而鹿特丹港在这一时期承担了整个欧洲接近一半的集装箱货运量。货物运输方面，鹿特丹港的货运量仍在上升，在经济中心转移以及经济危机的双重压力下，依然作为整个欧洲最主要的货物转运港。

表 2－2－1　鹿特丹港历年吞吐量世界排名

名称	1990 年	2000 年	2005 年	2010 年	2012 年
集装箱排名	3	5	7	10	11
货物排名	—	—	3	5	6

可见，多样化的货物种类和发达的集装箱运输体系，保证了经济萧条时期鹿特丹港货运的稳定。尤其是货物的多样化，为港口发展赢得了更广的空间。

3. 港口基础设施——码头泊位港口机械

海轮码头总长 56 千米，河船码头总长 33.6 千米，实行杂货、石油、煤炭、矿砂、粮食、化工、散装、集装箱专业化装卸，同时可供 600 多艘千吨船停靠，年吞吐货物 3 亿吨左右。

近年来，船舶出现了大型化发展的趋势（散货船大都在 15 万～20 万吨，油船出现了 50 万吨的巨轮，集装箱船也向超巴拿马型发展），环球航线上的国际集装箱班轮已经向第五、第六代发展，满载吃水最小的也在 12

米以上。深水泊位和深水航道成为国际班轮未来主要船型对港口的要求。为了适应这一形势，鹿特丹港不断扩建大型深水泊位，前沿水深17~23米，满足第五、第六代集装箱船的要求。

另一方面，集多种交通运输方式于同一个码头，是当今码头规划建设的方向。在鹿特丹现有港区的运作和马斯弗拉克特二期码头的规划中，海船停靠、内河驳船、铁路和公路等十分紧密，极大地方便货物集散，既节省了货物作业时间，也节约了运输成本。同时，在码头基础设施建设方面，应鼓励航运公司参与港口基础设施的建设，如马士基拥有码头和欧洲铁路运营公司（ERS），并参与内陆铁路运营。

4. 物流园区建设

荷兰鹿特丹港凭借莱茵河完善的交通运输网络，建立港口物流园区和国际航运中心，成为鹿特丹保持其在欧洲的主要港口地位、扩展城市经济实力和影响力的重要战略方针之一。三大物流园区成为集装箱装运的重要节点。

（1）Eemhaven是三大园区之一，由鹿特丹港务局建立并发展，它的主要职能是储存和分配高质量产品。Eemhaven物流园区是鹿特丹港的第一个港口物流园区，位于鹿特丹港Eemhaven和Waalhaven集装箱作业区后方，共占地65公顷，其中仓库面积20万平方米。从定位来看，Eemhaven物流园区主要从事高质量商品的堆存和配送服务。Eemhaven物流园区的交通集疏运条件十分优越。首先，该园区与Eemhaven和Waalhaven等地区的集装箱码头有立交直接联系；其次，通过A15公路，物流园区的货物可直达欧洲内陆腹地。同时，园区周边还有内河码头、铁路枢纽以及沿海支线泊位等众多多式联运设施。

（2）Botlek物流园区的主要职能集中在零星货物混装运输。Botlek物流园区位于哈特尔（Hartel）运河和塞纳河港区之间，也是鹿特丹港石油化学工业区/港区的中心位置。Botlek物流园区占地104公顷，其中仓库面积约30万平方米。与Eemhaven物流园区类似，Botlek物流园区的交通集疏运条件十分优越，周边公路、铁路、内河等多种运输方式齐备。Botlek物流园区的定位是以化工品为主要服务对象的仓储、配送和分拣等物流服务。

（3）Maasvlakte物流园区被设计用来集中大规模分配操作，通过这种方式，能更好地抓住欧洲分配市场。Maasvlakte物流园区是鹿特丹港最新的，也是最大的物流园区，占地面积125公顷。Maasvlakte物流园区位于鹿特丹港最大的Delta集装箱码头后方，并与该集装箱码头有专用通道连接。同时，在物流园区周边还分布着铁路场站、高速公路和内河驳船码头等众多的多式联运设施。根据规划，Maasvlakte物流园区的用户主要是以下4类企业：① 希望建立一个能够辐射整个欧洲的区域性配送中心的大型跨国制造商；② 希望进一步拓展其物流服务范围的大型船公司；③ 需要依托港口开展区域性服务业务的大型物流企业；④ 希望其他全球性的物流服务供应商建立一个海运出口基地的欧洲出口商。目前正在规划建设规模更大的现代化园区Msasvlakte 2。新园区将由园区本部、铁路服务中心、驳船服务中心、立体交通、三角洲集装箱堆场、专用码头、近海和铁路支线服务、备用发展区以及内地公路发运点9个不同功能部分组成，服务于整个欧盟。

5. 集疏运体系

鹿特丹港素有“欧洲门户”之称，腹地覆盖欧洲半数国家，欧盟国家约60%的内地货物通过该港运往其他地区。鹿特丹港吞吐的货物中，有80%来自其他国家，大量的货物在港口通过全面的、发达的集疏运系统进行中转。荷兰的高速公路与欧洲的公路网直接连接，覆盖了从英国到黑海、从北欧到意大利的欧洲各主要市场；鹿特丹港通过铁路网与欧洲各主要工业地区相连，直达班列开往许多欧洲城市；从鹿特丹港到欧洲内陆的水上交通网也十分发达，内河航运网络与欧洲水网直接联系；港口货物的运输干线莱茵河、高速公路、港口铁路与国内外交通网相连。进港原油除经莱茵河转运外，还铺设运输油管道直通阿姆斯特丹及德国和比利时。

鹿特丹港的最大特点是储、运、销一体化，通过一些保税仓库和货物分拨配送中心进行储运和再加工，提高货物的附加值，然后通过多种运输方式将货物运往荷兰等欧洲国家。鹿特丹港拥有完善的海关设施、优惠的税收政策，保税仓库区域内企业在海关允许下可进行任何层次加工。对集装箱货物的仓储和配送来说，坐落在港区和各个工业区内的物流配送基地可以为其提供最完善的各种增值服务。就通关方式而言，海关可以提供24小时通关服务（周日除外）、先储存后报关、以公司账册管理及存货数据取代海关查验，企业可以选择适合的通关程序，运作十分便利。

提高港口的全过程服务水平，优化服务环节，是港口发展的软件。鹿特丹港的铁路运输服务也在朝7×24小时发展，新型运输车辆、船舶、装卸机械等的研发和应用，软硬件的有效结合是航运产业链可持续发展的关键。鹿特丹拥有发达的水水转运，海陆转运，海铁转运集疏运体系。鹿特丹的运输形式主要有：

（1）公路集装箱运输。一个纵横交错、四通八达的稠密的公路网，将鹿特丹与欧洲所有的大城市连接起来。从鹿特丹出发，只需 8 ~ 10 小时就可以到达巴黎、法兰克福和汉堡。到达德国的主要工业区鲁尔地带和比利时大部分地区所需的时间就更短了，即使是北欧这样较远的地区也可以在 24 小时之内到达。荷兰的公路运输拥有雄厚的实力，欧盟 30% 的国际公路运输是由荷兰承担的。

（2）驳船集装箱运输。近年来，由于运价低等原因，鹿特丹驳船集装箱运输得到了迅速发展。几乎每天都有驳船将集装箱由鹿特丹运至莱茵河沿岸各集装箱码头。随着集装箱运输的发展，内陆集装箱码头开始大量出现。在欧洲，尤其是莱茵河沿岸，已兴建了 32 个集装箱码头。20 世纪 90 年代以来，鹿特丹开始实施新的扩能计划，建造 10 万 ~ 15 万吨级的第五、第六代集装箱码头。2012 年，集装箱吞吐量达 1 187 万标准箱，确保欧洲最大集装箱运输中心的地位。一直以来，荷兰政府支持并致力于在莱茵河运输的各种船舶的标准化尝试，并在船舶技术研发和政策上予以支持。这使其在航道疏浚、船舶建造及港口建设等领域处于世界领先地位。

（3）铁路集装箱运输。鹿特丹几乎每天都有一系列的集装箱列车向欧洲各地发车。鹿特丹港区建有两个铁路集装箱编组中心（RSC）：一个位于出海口的马斯弗拉克特港区，与海船码头直接衔接；另一个靠近鹿特丹市区，其最大股东为鹿特丹市政府。每天进出各 40 列（一列约 60 标准箱），服务时间为 6 ×24 小时，并逐步向 7 ×24 小时发展。对于鹿特丹港来说，铁路和内河航运是今后深入腹地的主要举措。预计到 2035 年，往来于鹿特丹和欧洲大陆之间的集装箱运输量（主要通过卡车运输）将会增长到 2 000 万标准箱。届时，鹿特丹港务局将要求客户由马斯平原港区往内陆腹地的运输中 45% 通过内河航运形式，20% 借助铁路运输。内河航运将增长到 2035 年的 900 万标准箱（年增长 6.5%）；铁路运输则增长到 370 万标准箱（年增长 6%）。数据不但表明了货物运输形式的转变，也表明了经鹿特丹转运的实际集装箱数量的增长。

（4）管道运输。鹿特丹港的运输油管道直通阿姆斯特丹以及德国和比利时。荷兰建有专门运送危险货物的管道 17 500 千米，其中 12 500 千米是运送气体管道，5 000 千米为油和化学品管道。原油、成品油和液体化学物占到总货运量的 50%，都是利用管道运输的。大部分的原油直接在马斯弗拉克特港区码头通过管道运输或储藏，港口 30% 的湿散货通过综合管道运输。

6. 软环境

荷兰十分重视莱茵河内河航运信息化建设。受欧盟的委托，荷兰开发了三大信息系统：IVC90 信息跟踪系统，掌握航行船舶的信息，特别是对危险品船或有污染的船舶实施全程监控追踪；VOIR 信息编辑系统，为船舶航行提供安全、有力的航行信息，有效控制航运事故的发生，或快速解决航运事故；IRAS 航运信息综合特种分析系统。对基础设施的大量原始数据进行分析，为政府及时提供实施船闸、码头或航道整治的依据。

鹿特丹临港工业的发展很好地贯彻了“城以港兴、港为城用”的思想。鹿特丹充分运用了临港优势，大力发展临港工业：造船业、石油加工、机械制造、制糖和食品工业。第二次世界大战前，鹿特丹发展造船业和水工产品制造业，独树一帜，举世闻名。战后荷兰利用 20 世纪 50 年代的世界“廉价石油”时期和自身海运大国的优势，发展大规模石化工业，鹿特丹迅速崛起为世界三大炼油基地之一。食品加工是另一个非常重要的产业，拥有庞大的冷藏和冷冻设施，为荷兰的食品加工业提供了专用的后勤服务。

荷兰提高港口效率的重要措施之一是设立专责机构。例如，荷兰国际配销委员会，通过其与其他政府部门的相互合作，为国外业主提供全方位的服务，以吸引更多企业到荷兰成立国际配销中心。

注重以法制规范港口与航道资源。欧洲交通委员会从全局对欧洲的内河航运发展进行规划，制定可以用来协调欧盟各成员国有关法规的欧盟地区统一的引水法、货物运输法和码头装卸法、港口进出口法、港口服务市场法等。

港口服务方面，鹿特丹港区有各种机构进驻。包括运输、加工、咨询、服务、港口辅助、货运装卸处理、货物检查等各类企业。这有别于中国港口一家垄断的格局。以鹿特丹港务局主导、其他公司加盟进驻的模式，可以增强竞争，有利于港口更好地发展。而外部公司的引入，也大大减少了港务公司自身的运营成本。从运输到装卸、从咨询服务到住宿生活均引入不同的公司，减少了鹿特丹港在这些方面的投资，从而能专注于基础设施的优化及港口的整体管理。

（三）2020 年港口展望

（1）一个多方位/综合性港口。提供场所和设备进行传统的装卸、包装、加工和运输更多货物。同时为在工业、物流、海运和贸易中涌现的各种新兴商业活动提供空间。

（2）一个可持续发展/不断创新的港口。可以为各公司提供场所和设施以便它们进行多边合作，共享设施，相互利用剩余产品和持续能源以及开发新的工艺技术，从而保证它们在更加环保的环境中进行各项商业活动。

（3）一个知识智慧型港口。它将是高学历人士的荟萃之处，它与教育和研究机构开展合作，并可为创办服务型和创新型的（小）公司提供优越的创业条件。

（4）一个快捷/安全的港口。它将为货物量的迅速增长做好充分准备，解决水路、铁路、管道和公路运输的“瓶颈”问题，保证畅通无阻。还将限制进出港区的非必要公路交通，为安全装卸和危险货物的运输提供一个安全的环境。

（5）一个有吸引力的港口。在港区内部和周边将有更多的绿化区域和娱乐场所，景色宜人的生态旅游景点。

（6）一个洁净的港口。它将会减少灰尘和噪音的排放，降低与危险货物有关的风险。

第四章 我国海陆联运物流工程面临的主要问题

（一）港口发展空间不足

2012 年全球十大集装箱港中我国大陆占据六席，依次是上海、深圳、宁波－舟山、广州、青岛和天津。但我国单个港区的面积普遍偏小，反观世界上一些国家的港区面积普遍较大，即便其货物吞吐量比我国前五大港口小，其港区面积却远远超过我国港口港区面积（表 2－2－2）。

表 2－2－2 国内外主要港口面积对比

港口名称	鹿特丹港	汉堡港	上海洋山港	青岛前湾港
港口面积/千米^2	105	100	约 15	约 10

港口面积的差异一方面说明我国港口发展还有很长的路要走；另一方面也显示我国港口结构单一，10 多平方千米的面积仅能勉强满足装卸、堆场、泊船的需要，而成为国际物流中心所必需的商贸平台则需要更广阔的区域。这也为我国港口发展方向及目标指出了明确方向。目前上海洋山港区四期工程正在建设中，预计 2015 年完工，将为上海港发展提供更广阔的空间。而目前青岛董家口港区也规划建设 60 平方千米，天津港拟建 100 平方千米大港，都说明目前国内港口已意识到空间不足这一劣势，正在加紧赶上。

（二）海陆联运集疏体系不完善

我国当前海陆联运集疏系统还没有形成铁路、公路和水路运输的协调发展格局。公路、铁路和水路 3 种集装箱集疏运方式中，公路占 80% 以上，水路约占 10%，铁路仅占 2% ～3%，上海港则不到 1%。在欧洲，鹿特丹港的集装箱铁路疏运占 10%，汉堡占到 40% 左右。鹿特丹港有着四通八达的海陆疏运网络，高速公路与欧洲的公路网直接连接，覆盖欧洲各主要市场；铁路网与欧洲各主要工业区连接，开往许多欧洲主要城市；水上内河航运网络与欧洲水网直接联系。铁路作为中国最为常用的长途运输工具，发挥着巨大的作用。然而在港口集疏运方式中，却很少应用，主要难题在于集装箱标准与当前现有火车车厢标准不符，港口公共基础设施不完善，这是下一步集疏运体系发展面临的巨大考验。依托长江水运网的上海港，还应该大力发展水－水联运，进一步拓宽其集疏运体系多样性，为港口发展保驾护航。

（三）港口规划布局滞后

石油、铁矿石、粮食、集装箱等外部需求发生变化，港口吞吐量面临结构性变化，结构多元化态势明显，港口规划布局需要做出相应的调整。总体上看，航运市场呈现出“需求放缓、运力增加、成本上涨、运价下降、亏损扩大”的态势。

（四）港口发展模式转型势在必行

港口发展重规模，轻效益，港口间竞争有余，合作不足。腹地及空间资源浪费严重，需要采用灵活的港口管理模式，因地制宜，充分发挥各个港口的空间及地理优势。

（五）海洋交通安全问题未得到应有的重视

海洋交通安全包括港口运营安全和海上交通安全。我国港口运营企业求发展，重改革，忽略基础设施维护和港口园区治安问题。溢油事件及港口安全事故时有发生，造成损失。影响我国水域航行安全、资源安全以及国防安全的主要因素有：海域安全全面防御体系及战略物资运输通道安全保障体系不完整；对应于威胁海域环境安全的海运货物数量增加的保障措施不健全；确保我国专属经济区资源安全的保障力量不足；对突发海上事件应急反应力量不足等。

（六）跨海大桥耐久性有待提高

跨海大桥投资大，建造困难。对于已建成的跨海大桥，尤其是早期建设的跨海大桥的维护上以及未来跨海大桥设计过程中的耐久性有待进一步提高。1987 年，美国有 25.3 万座混凝土桥梁存在着不同程度的劣化，平均每年有 150～200 座桥梁部分或完全倒塌，寿命不足 20 年，修复这些桥梁需要 900 亿美元。1992 年，英国宣布禁止在新建桥梁中使用管道压浆的体内有黏结力筋的后张结构。这使得桥梁的耐久性问题引起了工程界的高度关注。耐久性的提高将是21世纪桥梁技术进步的重要标志之一。近年来我国内陆普通桥梁倒塌率居世界之首，仅近5年倒塌桥梁数量不少于24起，而我国跨海大桥均在近些年兴建。桥梁建设长度、难度和速度皆打破世界纪录。在耐久性的关注度上，需要从设计理念、材料选择、结构分析等多方面加以更大的关注。

20世纪后半叶，国外许多跨海大桥如加拿大的诺森伯兰海峡大桥、丹麦的大贝尔特海峡大桥和日本的本四联络桥的设计寿命为100年，美国的奥克兰跨海大桥的设计寿命达到150年。

（七）离岸深水港关键技术有待大力发展

改革开放以来，我国的港口建设经历了近30年的持续发展，尤其最近10年更是高速发展阶段，全国沿海无论是港口数量、港口规模都达到世界先进水平。伴随而来的是我国漫长海岸线中比较适合港口建设的优良港湾和天然岸线开发使用殆尽，原来不太适合建设港口的岸线也开始用来建港，加之综合国力的提高和港口建设技术的进步也促进了港口建设不断走向外海、走向深水。此外，由于世界各国经济发展更加依赖能源的供应和保障，蕴藏丰富油气资源的海洋也不断成为争夺的焦点，领海的纠纷已经成为许多沿海国家无法回避的主权问题，因此离岸深水港的建设对于维护国家主权和海洋权益十分重要。

不同工程领域对于深水的理解有不同的标准，海洋石油行业认为的深水水深可能达数百米甚至数千米。针对海陆联运物流工程来讲，由于大部分在航船舶营运吃水不超过20米，因此天然水深超过20米的港口就可以定义为深水大港。离岸则不仅仅是空间的概念，更重要的是由于远离大陆，建筑材料的运输和堆存，施工基地的建设和人员生活给养的补充都变得十分困难，缺少必要的工程和生活依托使得施工条件恶化，不仅大大加大了工程难度，而且直接影响设计思想和设计原则。

离岸深水港口建设面临着众多全新的技术难关，例如：海洋动力环境与深水港规划布置；海工建筑物耐久性与寿命预测；波浪作用下软土地基强度弱化规律与新型港工结构设计方法；深水大浪条件下外海施工技术与装备等。这些关键科学技术问题是未来中国深水港口发展面临的主要问题和挑战。

第五章　我国海陆联运物流工程发展的战略定位、目标与重点

（一）战略定位与发展思路

1. 战略定位

建成以上海洋山深水港为主干的世界航运中心、国际物流中心。建成面向区域的以环渤海港口群、珠三角港口群、东南沿海港口群、西南沿海港口群为分支的区域化国际航运中心。

2. 战略原则

（1）协调性原则。符合《中国港口总体规划》的要求，并与周边港口、城市、产业、集疏运等规划协调。

（2）可持续性原则。符合港口开发的总体目标和方向，在满足基本水陆域需求的基础上，为港区的进一步发展留有充分余地。陆域规划必须为港区的进一步发展留有充分余地；岸线与后方陆域综合、协调开发，均衡利用，岸线规划与港口功能区划相结合，合理布局、有效利用岸线资源。

（3）合理性原则。深水深用、浅水浅用、因地制宜、统筹规划，结合地形、地貌及港区形态，合理利用岸线、土地等资源。

（4）适应性原则。“统筹规划、分期实施”，便于分期开发和快速实施，功能和布局能够充分适应临港工业发展的各种要求及其发展变化的需要。

（5）集约化原则。黑白货物分家、功能划分明确，各功能区集约化发展，布局紧凑、流程顺畅。

（6）生态化原则。自然环境与港口发展应有机结合，形成绿色港区。

（7）需求导向原则。港口建设不盲目求大求量，根据当地需求及总体规划任务制定专门化的发展模式。各港口按需发展，在规划指导的前提下，减少不合理的竞争，提高港口实际效益，避免资源浪费。从而改善目前港口总体运力过剩的现状。

（8）有序开发，分期实施。要发展但也要质量。当前港口面临着众多问题，如海陆联运问题、港口内部结构问题、口岸环境问题、资源调配问题、发展模式问题等。借着目前港口发展速度放缓，从最棘手的问题，从目前最适合解决的问题开始，对已有问题逐一击破，科学、合理、有序地进行发展。

（二）战略目标

2020 年，在保证吞吐量水平的前提下，进一步提高港口面积、泊位数、航道水深以及软环境水平。根据上海洋山港全面规划、天津港最终规划以及青岛董家口港区总体规划，在港口面积上，这三大深水港区将进行 100 平方千米以上港区的建设工作，并根据建设进度逐渐投入使用。争取在 2020 年前后，深水港港区面积、临港产业区及深水泊位有大幅度提高，逐渐赶上世界中等海洋强国水平。航道水深能有效竣深，缩短与世界海洋强国的差距。在软环境方面，2015—2020 年期间，更多的是进一步强化现有法律政策的落实程度，切实让相关企业、货运方、航运企业得到优惠。

2030 年，在航道水深方面、深水泊位方面，在最大利用现有条件的前提下，进一步缩短与世界海洋强国的差距。接近或者达到世界海洋强国水平。在大型深水港陆域面积方面，根据几大主要港口规划，天津港将于 2030 年前后完成 100 公顷大型深水港区的建设工作。青岛董家口港区也将于 2025 年建成 50 平方千米的临港产业区及 72 平方千米的规划港区，并确保 90% 的新建陆域面积投入使用。软环境方面，随着基础设施的进一步优化，更好的服务将进一步增强中国港口的综合影响力。根据当时国情具体更改制定相关政策法律，使口岸环境进一步满足客户的需求。

2050 年，在总体港口指标达到平衡的状态下，把港口发展的重点从港口建设转移到软环境落实上，尤其是港口信息化的建设和法律政策的落实方面。确保港口相关法律落到实处，相关优惠政策切实执行。彻底消除港口发展短板，使我国深水港更加合理的发展。

（三）战略任务与重点

1. 总体任务

针对港口长期以满足需求为主的扩张性建设，结构问题、环境问题、资源利用等问题尚待改善，交通运输部提出了“十二五”规划：沿海港口围绕全面建设小康社会的总体目标，深入贯彻落实科学发展观，坚持市场化发展方向，以科学发展为主题，以转变发展方式、加快发展现代交通运输业为主线，有序推进基础设施建设，着力优化港口结构与布局，提升服务能力和水平，与各种运输方式衔接，促进综合运输体系的发展，为经济社会发展和对外开放提供强有力的支持和保障。

我国海陆联运物流工程的总体任务是：2020 年，物流水平有所提高，货物通过能力显著提升，整体达到海洋强国初级阶段。2030 年，上海国际航运中心基本建成，物流水平赶上发达国家，各项指标达到中等海洋强国水平。2050 年，确保落实各项任务实施，彻底消除海陆联运物流工程短板，发展海洋科技，将我国建设成为世界海洋强国。

2. 重点任务

（1）针对沿海港口建设与发展存在的问题，防止出现“过度超前”和低水平重复建设，促进沿海港口健康、安全、持续发展，更好地服务我国经济社会发展。当前受到国际国内环境影响，沿海港口发展速度在放缓。这给了我们认清形势、审视发展道路、科学和谐发展港口的机遇，中国经济持续健康发展的大局不会改变，中国经济融入国际市场的发展环境不会改变，中国的港口一定会保持良好的发展势头，继续支撑经济社会可持续发展。

（2）重点推进几大深水港建设。大力扶持优势深水港的建设，提供优良的口岸环境和优惠政策，加大深水港陆域面积，增加深水泊位数量，提高港口整体通过能力，建设过程中不断攻关、突破深水港建设的关键技术，在大型深水港建设上拥有自主知识产权，在深水港建设过程中掌握主动权。重点突破方向是：①海洋动力环境与深水港规划布置；②海工建筑物耐久性与寿命预测；③波浪作用下软土地基强度弱化规律与新型港工结构设计方法；④深水大浪条件下外海施工技术与装备。争取在 2020 年完成上海洋山港、青岛董家口港和天津港总体建设任务，从实践中解决和掌握关键技术。

（3）大力推进长江口深水航道工程进度，在完成长江口南港北槽深水航道治理后，继续实施其他分汊河道的航道治理工程，保证长江口深水航道全线贯通。促进上海国际航运中心水水中转，为长江沿线城市提供便捷。同时，在深水航道开挖过程中突破深水航道整治关键技术，掌握清淤处理，整治装备等几方面高端技术，为我国其他区域航道整治提供技术支撑和借鉴。

（4）关注无水港建设，在现有无水港的基础上，重点发展优势区域无水港，加快无水港建设进度，提高无水港物流中转效率，加强无水港基础设施建设，为无水港在海陆联运物流工程中发挥作用提供技术支持和政策保障。同时，对各地无水港建设进行合理规划，避免跟风盲从。先重点发展几大无水港为其他地区无水港建设汲取经验，提供技术支持，再根据国情适度发展。

（5）推进跨海通道技术研究，跨海通道是目前促进沿海跨地区经济共同发展，建设蓝色经济区的重要保证。跨海通道要求深海作业，具有水深大、地质条件特殊、环境恶劣、投资巨大、维护养护困难等多方面困难。在目前已有大型跨海通道的基础上，要将重点放在跨海通道关键技术的研究上，重点攻克：跨海大型结构工程综合防灾减灾理论、技术及装备；超大跨桥梁结构体系与设计技术；远海深水桥梁基础施工技术及装备；跨海超长隧道结构体系、建造技术及装备；海上人工岛适宜结构体系、修筑技术及装备等重大技术难题。紧跟国际发展趋势，争取在大型跨海通道工程技术领域有所突破。

（6）加速其他地区跨海通道的建设进程，跨海通道是解决两地沟通交流的重要方式，大型跨海通道的建设可以有效促进地方经济文化交流。目前在已有大型跨海大桥和海底隧道的基础上，进一步钻研大型跨海通道设计与施工技术，在跨海通道耐久性上加大研究力度。下一阶段，着重开展琼州海峡跨海通道、台湾海峡跨海通道以及渤海湾跨海通道的建设，建立省际跨海通道体系，加强大陆与海南岛、台湾岛的联系，同时逐渐将中韩隧道大型跨国跨海通道建设提上日程，促进国际间交流。

第六章　保障措施与政策建议

（一）保障措施

根据交通运输部“十二五”规划，由中国工程院、交通部规划设计院、各级交通运输主管部门、科研机构、大专院校和交通企业等共同实施，充分调动行业和社会科技资源，形成促进行业科技进步与创新的合力。规划指出在以下几个方面要进一步加强港口物流保障体系建设：① 规划实施的组织体系；② 增强科技管理的制度保障；③ 促进创新的协调机制；④ 加强科技发展的资金支持。

（二）政策建议

1. 防止“过度超前”和低水平重复建设，促进沿海港口健康、安全、可持续发展

在沿海港口工程建设中，要防止出现“过度超前”和低水平重复建设，促进沿海港口健康、安全、持续发展，更好地服务我国经济社会的发展。交通运输部近期发布了《关于促进沿海港口健康持续发展的意见》。当前，沿海港口发展的重点任务包括以下几方面。

（1）促进大中小港口协调发展。加快上海、天津、大连国际航运中心建设，充分发挥主要港口在综合运输体系中的枢纽作用和对区域经济发展的支撑作用。积极推进中小港口发展，加强基础设施建设，发挥中小港口对临港产业和地区经济发展的促进作用。形成我国布局合理、层次分明、优势互补、功能完善的现代港口体系。

（2）按照适度超前的原则，有序推进主要货类运输系统专业化码头的建设。在长三角和东南、华南沿海地区建设公用煤炭装卸码头，提高煤运保障能力。在沿海建设大型原油码头。加快环渤海和长江三角洲外贸进口铁矿石公共接卸码头布局建设。稳步推进干线港集装箱码头的建设，相应发展支线港、喂给港集装箱码头，积极发展内贸集装箱运输。相对集中建

设成品油、液体化工码头，提高码头利用率和公共服务水平。继续完善商品汽车、散粮、邮轮等专业化码头建设。

（3）结合国家区域发展战略、主体功能区规划、城市发展及产业布局的新要求，深化和完善港口布局规划，统筹新港区与老港区合理分工，统筹区域内新港区的功能定位，注重形成规模效应，带动和促进临港产业集聚发展。

（4）利用当前港口需求增长趋缓的时机，加大结构调整的力度，走内涵式的发展道路。提升港口专业化水平和公共服务能力。积极推动老港区的功能调整，适应专业化、大型化、集约化的运输发展要求。

（5）继续加强公共基础设施建设，提高港口服务能力。加大疏港公路、铁路、内河航道、依托港口的物流园区等公共基础设施建设，加快主要港口后方集疏运通道建设，与国家综合运输骨架有效衔接，充分发挥沿海港口在综合运输体系中的枢纽作用和现代物流业的基础性作用。

（6）大力发展围绕港口的现代物流业，提升港口服务水平。依托主要港口建设国际及区域性物流中心，构建以港口为重要节点的物流服务网络。

（7）注重环境和资源约束，继续推进港口节能减排，全面加强港口环境保护力度，完善公共资源共享共用机制，坚持节约、集约利用港口岸线、土地和海洋资源。

2. 设立深水港关键技术重大科技专项

“十一五”期间交通运输部曾专题组织《离岸深水港建设关键技术研究》，但是由于离岸深水港建设尚缺少足够的工程实践和试验研究，一些关键技术没有解决，严重影响了我国离岸深水港的建设与可持续发展，有必要识别出离岸深水港建设的关键科学技术问题，设立重大科技专项，集中国内优势科研力量，解决关键问题，满足重大工程需求。

3. 加强港口集疏运能力和效率

通过在沿岸内陆城市设立无水港、发展海陆－陆空－陆陆多式联运机制建设，有效增加沿海港口的集疏运能力和运输效率。通过建立无水港，扩大沿海港口的腹地和增加货源。无水港物流网络直接起到缓解港口压力，保证整体供应链通畅的作用。通过无水港完成报关、检验检疫工作，货物装箱整理，作为港口内陆节点，直接加速货物进出口效率。同时利用多式联运机制，建立起立体通关输运体系，增加港口物流运输效率。形成多节点，多通道集疏运体系。

4. 建立海洋交通安全保障体系

目前。我国铁矿石、石油等战略物资进口需求逐年增加，而进出口货物中90%以上依赖海上运输。因此，海上交通安全已成为保证我国经济发展、能源需求和国家安全的重大任务。

建立海洋交通安全保障体系，是国家经济持续发展、国家安全运行的需要，是我国海洋战略的重要组成部分。国际上，海洋资源和海域归属争夺日趋激烈，世界各国都在加大海洋安全保障研究的投入。但目前我国海洋交通安全保障体系尚不完备，某些方面存在着严重缺陷。面对船舶日益大型化，特种船和危险品船日益增多，海上交通密集度增加，海上航运环境复杂多变的局面，我国的战略物资补给线安全及水域安全需要确保。这就要求我们从科学技术层面开展以建立海上交通安全保障体系为目标的研究工作，要求我们重点解决相关的重大科学技术问题。

第七章 重大工程和科技专项建议

一、深水港工程

（一）必要性

改革开放以来，我国港口建设经历了近30年的持续发展，最近十年更是经历了高速发展阶段，全国沿海港口数量与规模都达到了世界先进水平。伴随而来的是我国漫长海岸线中比较适合建港的优良港湾和天然岸线开发使用殆尽，原来不太适合建港的岸线也开始用来建港。

伴随着国民经济的发展，人们生活水平不断提高，对人员和物资的流通提出了更高的要求，便捷、高效已经成为交通基础设施建设的基本标准。越来越多的陆岛交通设施和海上大型人工岛建设开始出现在人们的视线中，而这些工程项目更多地处于离岸深水位置。

目前，世界各国经济发展更加依赖能源的供应和保障。蕴藏丰富油气资源的海洋正不断成为争夺的焦点，领海纠纷已经成为许多沿海国家无法回避的主权问题，离岸深水港建设对于维护国家主权和海洋权益具有十分重要的战略意义。

可以说，随着综合国力的提高和港口建设技术的进步，我国港口建设正不断走向外海、走向深水。“十一五”期间，交通运输部曾专题组织《离岸深水港建设关键技术研究》，但是由于离岸深水港建设尚缺少工程实践和足够的试验研究，尚有大量关键科学技术问题没有解决，因此，对离岸深水港建设面临的新问题进行研究和探讨是十分必要的。在未来一段时间内，离岸深水港建设主要存在以下两方面的需求。

在核心技术方面，开发掌握一系列大型深水港建造相关技术，具备大型深水港自主设计建造能力；加大港口建筑物、结构耐久性与寿命预测机制，切实保证港口安全长效运行；提高深水大浪条件下施工作业能力，增加远海开发效率与作业区域。

在工程实践方面，进一步增大大型深水港规模，扩充物流园区面积，有效提升区域物流转运能力；建设完成几大离岸型深水港，为我国深水港建设提供宝贵的工程实践经验；在已有深水港建设完成的基础上规划建设新的深水港，加强我国港口整体实力。

（二）重点内容与关键技术

1. 重点内容

目前，我国深水港工程的重点是在全国范围内重点发展几个大型深水港，包括上海洋山深水港、青岛董家口深水港、天津港等，为我国深水港建设打下良好的基础，同时填补中国超大型货运集装箱码头建设上的空白，为大吨位货运、集装箱运输增加运力。至 2020 年董家口港区将初步建成具有 8 000 万吨吞吐能力，年港口吞吐量超过 1 亿吨的现代化港区。另外，天津港全面规划达到 100 平方千米大港、董家口 2030 年的规划面积 70 平方千米，临港产业区规划面积 65 平方千米，将大大提升中国港口陆域面积，增加港口发展空间。

现阶段，我国深水港工程的重点内容集中在以下几方面。

（1）提高深水泊位设计施工能力，进一步增加大型深水港深水泊位个数，提高对大型船舶的服务能力。

（2）有效增加现有深水港规模，加快上海洋山港、天津港、青岛董家口港三大深水港建设进度。重点推进大连长兴岛、唐山曹妃甸、天津大港、连云港徐圩、海峡西岸港口、湛江东海岛、防城港等大型深水港建设，增加我国港口总体实力。切实提高集疏运能力及物流功能。

（3）提升航道选线及深水航道开挖能力，加强港口装备等基础设施建设，提高港口服务能力。

（4）设立保税区引进相关工业、服务业公司，加强港口产业链建设，形成完备的港口服务体系；加大相关优惠政策的制定与实施，设置专门法律法规以确保港口业健康发展。

（5）协调发展集疏运方式，在现有公路运输的基础上，加大海空联运，尤其是海铁联运的比例，提高港口集疏运能力，从而提高港口服务效率。

2. 关键技术

1）长周期波对港口总体设计的影响研究

离岸深水环境下水动力条件的改变会对港口建设产生较大的影响。其中潮汐、海流、波浪3项关键因素中波浪的影响更大，特别是长周期波对港口总体设计和水工结构设计的影响是不可忽视的。

在离岸深水港建设技术探讨中应该研究长周期波和较长周期涌浪对系泊船舶运动及系缆系统的影响及应对措施。包括靠船系缆设施的合理布置、护舷与系缆设施的合理配备、码头作业和操船标准的确定、码头结构定期检测和维护计划的制订与执行等。

2）风暴潮增减水对港口总体设计的影响研究

在离岸深水环境中经常会出现由于风暴潮引起的增减水，当增水比较频繁发生时会直接影响码头面高程的确定，而当减水出现时又可能造成由于水深不足船舶无法进出港口。因此风暴潮增减水是离岸深水港设计不可忽视的问题。

应加强对风增水的分析统计，在码头面高程确定时应该根据码头的重要等级和货物种类进行评估，根据损失的大小、发生次生灾害的可能及影响谨慎合理的确定风增水的重现期标准，一方面防止由于码头面过低频频上水，同时也应避免由于码头面过高增加太多工程投资，而且码头面过高时也会影响船舶装卸作业。

3. 水工结构物设计关键技术

（1）波浪对柔性桩基结构的作用。离岸深水码头随着水深的加大，波浪、水流条件的恶化，海底地质条件往往也变得越来越差，按照近岸的设计标准和理念建设，码头将变得非常困难且不经济，因此柔性高桩码头往往成为首选。需要重点研究柔性桩基对波浪的放大作用、柔性结构物的波浪力计算方法等。

（2）波浪－结构－地基相互作用。波浪力是循环动力作用的过程。作用于建筑物上的波浪力通过建筑物传递给地基，构成波浪－结构－地基相互作用系统。当波浪力的比重较大且下卧土的物理力学指标较差时波浪的循环动力作用效应主要有两方面的特点：① 在动力荷载作用下结构的动力响应相对较大，即结构的振动－滑移－提离摇摆耦合运动较近岸有较大幅度的增长。② 在循环波浪力荷载作用下地基土强度会发生液化（砂性土）或软化（黏性土）现象，导致地基承载力降低。在近年港口与海岸工程建设实践中，曾经发生了多起波浪作用下结构稳定性与地基承载力破坏问题。需要深入开展波浪－结构－地基相互耦合作用的研究。

（3）深水港新型水工建筑物研发。在近几年的港口工程实践中出现了半圆形沉箱和箱筒型防波堤结构等成功的新型港口结构型式。在今后工程的实践中，需要进一步强化研究，开发具有自主知识产权的新型深水港口水工工程建筑物。

（三）预期目标

2020 年，在保证吞吐量水平的前提下，进一步提高港口面积、泊位数、航道水深以及软环境水平。深水港港区面积、临港产业区及深水泊位有大幅度提高，逐渐赶上世界中等海洋强国水平。航道水深能有效竣深，缩短与世界海洋强国的差距。在传统装卸生产功能的基础上不断拓展集疏运功能、临港工业功能、信息服务功能、腹地经济带动功能，更好地发挥港口对经济、贸易发展的支持和保障作用。

2030 年，在航道水深、深水泊位方面，进一步缩短与世界海洋强国的差距，争取接近或者达到世界海洋强国水平。天津港完成大型深水港区的建设，青岛董家口港区建成 50 平方千米的临港产业区及 72 平方千米的规划港区，并确保 90% 的新建陆域面积投入使用。基础设施的进一步优化，港口的综合影响力进一步增强。根据当时的国情具体更改制定相关政策法律，使口岸环境进一步满足客户的需求。港口各项指标达到均衡发展，较 2020 年重点提升港口深水泊位数、港口规模以及完成主要深水航道的建设。提升港口活力，建设现代物流航运中心。

2050 年，在总体港口指标达到平衡的状态下，把港口发展的重点从港口建设转移到软环境落实上，尤其是港口信息化的建设和法律政策的落实方面。确保港口相关法律落到实处，相关优惠政策切实执行。彻底消除港口发展短板，使我国深水港更加合理的发展。

二、长江口深水航道工程

（一）必要性

长江口是上海港、洋山深水港发展内河输运体系的重要节点。长江航道的利用是完善上海国际航运中心集疏运体系的重要环节。然而由于长江来水来沙及长江三角洲地形。长江口形成了 40～60 千米的“拦门沙”区段，依靠疏浚维持 7.0 米航道通航水深，年维护疏浚量约 1 200 万立方米。长江流域的大量外贸集装箱通过日本、韩国中转，使国家蒙受了巨大的经济损失，阻碍了我国海运发展。

长江口开挖深水航道将直接拉动区域经济增长。长江横贯我国东、中、西部三大经济地带，干流流经我国七省二市，是我国东西水运大通道。长江口深水航道的建成，将促进长江水系高等级航道网的形成，充分发挥长江“黄金水道”的作用，实现沿江东、中、西部经济的联动发展。同时，深水航道开挖有利于促进上海国际航运中心的发展，为其提供水水中转的优良水道。工程建成当年即可直接降低沿江企业物流成本 23 亿元，每年可节约海运油耗 21.6 万吨，相应减少碳排放量约 65 万吨。

（二）重点内容与关键技术

长江口三级分汊包括：一级分汊北支、南支；二级分汊南支—北港、南支—南港；三级分汊南支—南港—北槽、南支—南港—南槽（图 2－2－1）。

图 2－2－1　长江口三级分汊地形

对于已经完成整治的南支—南港—北槽航道，依据“一次规划，分期实施，分期见效”的原则，工程分三期实施。一期工程 2002 年竣工，最小水深达 8.5 米；二期工程 2005 年竣工，航道最小水深 10.0 米；三期工程

2010 年 3 月竣工，使长江口主航道达到 12.5 米水深。三期工程完成后，可实现底宽 350 ~400 米、总长 92 千米的 12.5 米水深出海航道，可满足第三、四代集装箱船全天候进出长江口，第五、六代集装箱船和 10 万吨级散货船及油轮乘潮进出长江口的需要。

具体工程方案是通过建设南北导堤，起到导流、挡沙、减淤的作用。堤内侧丁坝群，减少主航道内部的泥沙淤积，保持航道水深。

根据《十二五交通运输发展规划》，围绕水运基础设施重大工程建设与维护，开展外海港口与航道建设、港口码头养护、内河航道治理等方面关键技术研发，为提升我国水运整体实力和国际竞争能力提供技术支撑。

重点研究：航道治理模拟技术；复杂自然条件下深水海港及航道工程建设技术；港口基础设施耐久性关键技术研究；港口码头健康检测评估、修复加固和改造技术；渠化河段航道与枢纽下游近坝段航道整治技术；航道整治建筑物新型结构技术等。在长江口航道整治过程中涉及的关键技术有：① 新型护底软体排结构。该结构适应地形变形能力强、保砂、透水性能好、整体性好、结构简单、安全稳定，适合大面积、高强度施工、价格低廉，保证了建筑物及周边滩面的稳定。② 堤身结构形式。在航道整治过程中，根据实际地形及地质特征主要采取几种新型堤身结构。包括袋装砂堤心斜坡堤、空心方块斜坡堤结构、半圆形沉箱结构、充砂半圆体结构等。③ 施工工艺和装备。对于软体排护堤采用专用铺排船铺排，基床处理也有料斗式抛石专用船、抛石基床正平专用船、塑料排水板打社船、平台式基床抛石整平船、半圆形沉箱安装船等。开发了专船专用的高效施工模式。

（三）预期目标

2020 年完成南支—北港 10 米航道通航。2030 年完成南支—南港—南槽 8 米航道通航任务。另外北支 3 000 吨级航道将于后期开发。

三、跨海通道科技专项

（一）必要性

大型跨海通道的建设在近些年逐渐提上日程，中国已经逐渐具备了大型跨海大桥的建设能力。青岛胶州湾海底隧道的建成通车，进一步推动了我国跨海通道的建设。跨海通道的建设将两地连为一体，更有利于本地经济圈的联通与发展。为商家、居民、企业各方面都带来了客观的利益。同时，跨海通道的建成也减少了跨地区运输成本，将交通运输时间降到了最低，可以有效减少周边长途运输对环境的污染。跨海通道的建成可以规避船舶运输时受天气影响的因素，保证全天候、全时段通车。

（二）重点内容与关键技术

目前跨海通道的建设主要考虑地理条件和区位优势。珠港澳大桥连接港珠澳三地，促进三地经济共荣；青岛胶州湾大桥、胶州湾隧道，有效连接青岛经济技术开发区、黄岛区和青岛主城区，有利于港口货物的集疏运发展，增加港口腹地辐射范围。目前跨海通道建设的重点内容和关键技术主要包括：围绕港珠澳大桥等大型跨海通道高耐久结构工程建设需要，针对复杂海洋环境与远海深水施工，重点突破超长跨越桥梁、海底超长隧道、大型海上人工岛等建设的核心技术，提升跨海大型结构工程建设质量和耐久性。重点攻克：跨海大型结构工程综合防灾减灾理论、技术及装备；超大跨桥梁结构体系与设计技术；远海深水桥梁基础施工技术及装备；跨海超长隧道结构体系、建造技术及装备；海上人工岛适宜结构体系、修筑技术及装备（图2－2－2）。

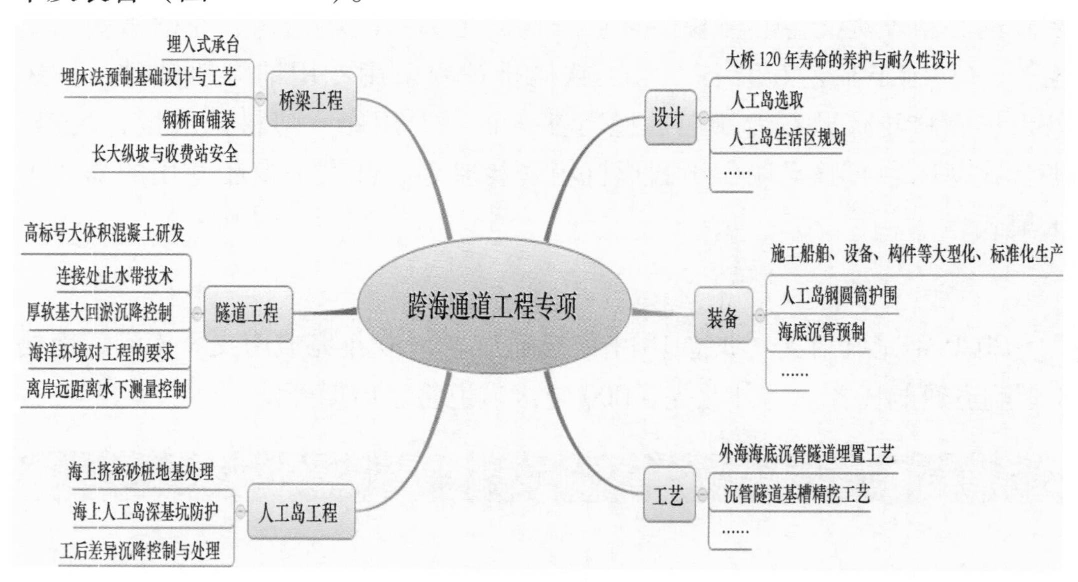

图2－2－2 跨海通道工程重点内容与关键技术

（三）预期目标

2030 年，启动琼州海峡跨海通道、渤海跨海通道建设。做好台湾海峡跨海通道建设前期准备工作。研究与周边国家合作建设国际跨海通道的可行性。

四、无水港

（一）必要性

无水港是指在内陆地区建立的具有报关、报验、签发提单等港口服务功能的物流中心。无水港有以下特点：①增加贸易流量；②扩大现有海港的容量；③降低货物门到门的运价；④降低总运输成本；⑤优化使用公路和铁路运输；⑥更好地利用港口的吞吐能力；⑦有利于集装箱普遍使用；⑧有利于多事联运的发展；⑨减小环境问题和空气污染。

通过建立无水港，将沿海港口的功能“内迁”至内陆地区，扩大了港口的辐射面积，将无水港城市的区位优势延伸为具有沿海国际性港口城市的优势，实现了沿海港口的可持续发展。同时，现代无水港也是一个具有港口口岸功能的区域物流中心，作为沿海港口参与供应链的重要节点，为沿海港口起着集聚疏散的作用。因此无水港建设不仅扩大沿海港口的腹地和增加货源，同时无水港物流网络的好坏直接影响着整体供应链是否流通顺畅，进而影响沿海港口功能的发挥和国际竞争力的提高。无水港的建立对发展当地经济、促进沿海港口发展起到了很大的作用。目前，我国的无水港建设实践还处于起步阶段，大多数设施规模较小，没有形成具有枢纽性质的内陆港。因此，大力发展无水港，是针对沿海城市用地紧张，缓解沿海港口物流压力，强化海陆联运物流的一个有效手段。

（二）重点内容与关键技术

目前中国无水港的建设走势可以准确地表述为：从北到南，由东至西。从北部的天津港、大连港逐步向南推进到宁波港，再到珠三角、北部湾及海西地区。目前，我国无水港建设模式主要有 3 种：港口企业为主的建设模式、内陆地区为主的建设模式、内陆和港口企业共同开发的建设模式。

无水港在中国的建设布局已经展开，但无水港整体运营效果不佳，还有诸多的问题亟待解决。如地域限制明显，缺乏协调一致的管理机制；无水港功能尚不完善、信息化程度不高，港口的设施、功能和服务以及口岸系列配套服务与无水港服务无法对接；沿海港口、道路运输、一关三检、金融保险、物流企业等物流机构通过电子商务平台与无水港整合进展缓慢。不少无水港遭遇上马时大张旗鼓、眼下却运营困难的尴尬境地。因此当前无水港建设的重点在于切实解决现有问题，真正将无水港的功能发挥出来（图2－2－3）。

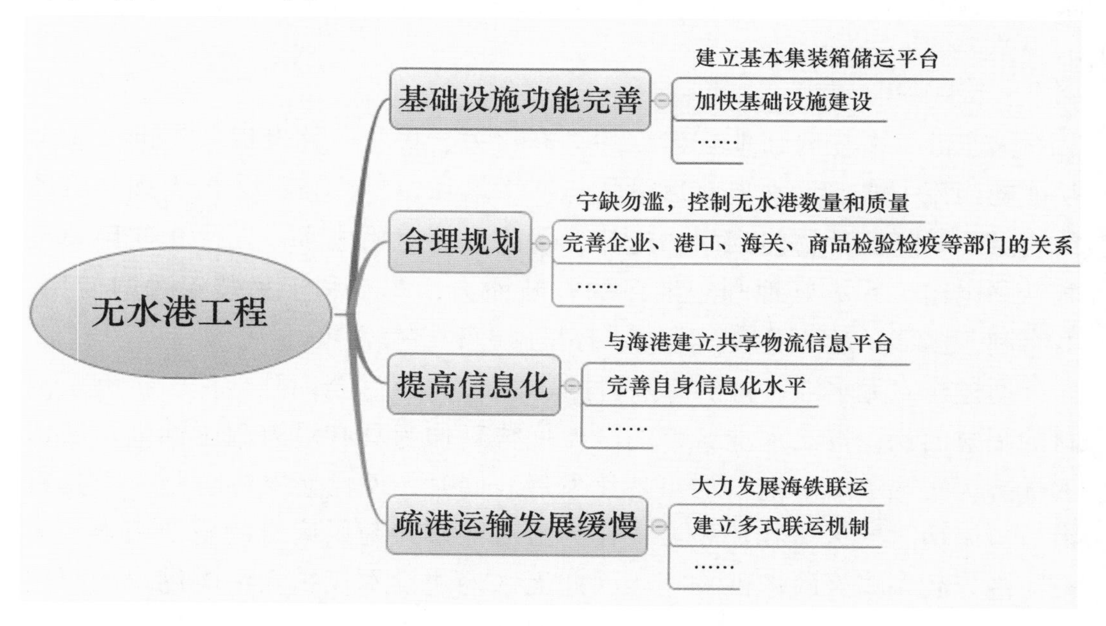

图2－2－3　无水港工程重点内容与关键技术

（三）预期目标

预计在中国沿海城市周边建立一系列无水港。2020年，基本发挥港口集疏运功能，为沿海港口有效缓解货运压力。利用内陆港口建成海陆—陆陆—空陆立体通关体系，实现海运和陆运的无缝对接。在中西部地区根据具体情况适度发展无水港区，作为海陆联运物流体系的内陆节点，发挥无水港扩大海港辐射范围的作用。

主要参考文献

贾大山 . 2008. 2000—2010 年沿海港口建设投资与适应性特点[J]. 中国港口,(3):1 –3.

蓝兰 . 2012. 我国跨海大桥建设情况分析[R/OL]. http://www. transpoworld. com. cn.

时健 . 2008. 港口物流的创新模式“前港后厂”——上海罗泾港区和浦钢公司携手共建物流配送新体系[J]. 中国港口,(1).

扬懿,朱善庆,史国光 . 2013. 2012 年沿海港口基本建设回顾[J]. 中国港口,(1):9 –10.

主要执笔人

谢世楞　中交第一航务工程勘察设计院 中国工程院院士

李华军　中国海洋大学 教授

刘　勇　中国海洋大学 教授

专业领域三：海岛开发与保护工程发展战略研究

第一章　我国海岛开发与保护的现状与战略需求

（一）我国海岛开发与保护发展现状

20 世纪 80 年代以来，我国出台了一系列的政策措施，不断加大海岛开发投入，着力扶持海岛经济建设和社会发展，取得了显著成就。一些规模较大的海岛，如舟山、平潭、长岛、长海、崇明、南澳、洞头等，依托特殊的区位条件，大力开发渔业、景观、民俗文化等方面的优势资源，逐步建立了特色鲜明的产业体系，生产生活基础设施得到明显改善，居民收入和生活水平不断提高，经济社会实现长足发展。

1. 海岛经济社会持续发展

海洋渔业是我国海岛传统支柱产业，在整个海岛产业体系中一直保持主导地位。在经历过 20 世纪 80—90 年代的发展高潮后，由于过度捕捞和环境破坏引发的野生渔业资源严重衰退，致使海岛渔业结构发生了根本性变化，由之前的捕捞为主转为以养殖为主，海岛成为我国重要的海水养殖渔业发展基地。

海岛旅游业快速发展，在海岛经济社会发展中的地位日益提高。我国海岛旅游业的兴起，始于 20 世纪 80 年代后期。沿海各地政府深刻认识到发展海岛旅游的巨大潜力和经济价值，纷纷投资海岛旅游业开发，许多具有独特自然环境和社会文化价值的海岛得到了旅游开发。在我国的 10 多个海岛县（市、区）中，除平潭县和崇明县旅游收入占 GDP 比重较小外，其他各海岛县（市、区）旅游收入占 GDP 的比重已经超过或接近 10%，旅游业成为海岛经济发展的一支生力军，其中普陀区、南澳县、洞头县和长岛县旅游收入占 GDP 的比重接近甚至远超过 20%，旅游业已成为当地经济发展的主导产业。

海岛工业经济稳步增长。凭借独特的区位和资源优势，过去几年间，我国海岛县（市、区）的工业经济呈高位增长，定海区、普陀区、岱山县、嵊泗县和长岛县等 8 个县（区）年递增率超过 20%，工业产值由原来的几十亿发展到超百亿，海洋化工、船舶修造、水产品加工等临港工业得到较大发展。

海岛基础设施实现较大改善。改革开放以来，我国海岛基础性工程设施建设取得了长足发展，在一些较大的海岛，已建立了较为完善的包括港口、水利、道路、供电、市政、环保等的生产生活基础设施体系。我国海岛多数为基岩岛，岸线漫长曲折，避风条件良好，为建设港口提供了有利条件。依托海岛，现已建成的大型港口主要有：舟山群岛上的舟山港和老塘山港，厦门岛上的厦门港，海南岛上的八所港、海口港、三亚港。岛陆之间、岛岛之间通道不畅是制约我国海岛经济社会发展的关键因素，为突破这一瓶颈制约，近年来我国加强了岛陆、岛岛桥隧连通工程建设（表 2－3－1），极大改善了海岛对外联系和投资环境，为海岛经济发展和社会进步创造了有利条件。

表 2－3－1　我国已建成和在建岛陆通道工程

岛陆通道工程名称	所在位置	状态
集美海堤	福建厦门—集美	已建成
八尺门海堤	福建东山岛	
楚门海堤	浙江玉环岛	
连陆海堤	广东东海岛	
连陆海堤	广东海陵岛	
连陆海堤	广东三灶岛	
连陆海堤	广东高栏岛	
高集海峡大桥	福建厦门—集美	
连陆大桥	福建东山岛	
海湾大桥	广东汕头	
蛎门港大桥	浙江象山	
跨海大桥	浙江嘉兴	
大榭岛大桥	北仑大榭岛	

续表

岛陆通道工程名称	所在位置	状态
跨海大桥	舟山本岛—朱家尖岛	已建成
东海大桥	上海南汇区芦潮港—浙江嵊泗小洋山岛	
跨海大桥	山东烟台养马岛	
青马大桥	香港—港九—大屿山	
澳氹大桥	澳门—氹仔岛	
友谊大桥	澳门	
西湾大桥	澳门—离岛	
金烈大桥	大金门岛—小金门岛	
平潭跨海大桥	福建平潭	
连岛大桥	浙江温州	建设中
连陆跨海大桥	广东南澳岛	
跨珠江口、伶仃洋大桥	珠海—香港	

2. 新一轮海岛开发保护大潮蓬勃兴起

海岛作为第二海洋经济带，具有重要的战略地位和生态经济价值。随着我国新一轮沿海区域综合开放开发战略布局的形成，各沿海省、市、自治区都把海岛列为开发保护的重点区域，通过制定中长期开发保护规划，积极推进海岛开发与保护可持续发展。

根据经济社会发展需要，相关沿海省、市、自治区把一些面积较大，开发基础较好，具有显著区位、资源和环境综合优势的有居民海岛，列为重点开发保护对象，通过规划明确其开发保护的基本方向，并强化投资促进海岛建设与发展（表2－3－2）。

表2－3－2　目前在建的重点海岛开发保护项目

重点项目	功能定位
海南国际旅游岛	世界一流的海岛休闲度假旅游目的地；全国生态文明建设示范区；国际经济合作和文化交流的重要平台；南海资源开发和服务基地；国家热带现代农业基地

续表

重点项目	功能定位
广西涠洲国际休闲度假岛	国内一流、国际知名的休闲度假海岛；北海旅游的新引擎和核心吸引物；广西旅游新的突破口和增长极；北部湾旅游的先导示范区和综合改革试验田；中国海岛休闲度假的先导示范区；世界的东方魅力之岛；未来的时尚生活区和天堂度假地
广东南澳海洋综合开发试验县	全国海岛县科学发展示范点；高端海洋旅游特色岛；对台海洋经济合作桥头堡
广东横琴复合型、生态化创新岛	国家体制科技创新实验区；泛珠三角区域合作示范区；粤港澳功能联动的协同区；珠三角产业升级的策动区；珠海市跨越发展的新城区
福建平潭岛	两岸交流合作的先行区；体制机制改革创新的示范区；两岸同胞共同生活的宜居区；海峡西岸科学发展的先导区
浙江舟山群岛新区	浙江海洋经济发展的先导区；海洋综合开发试验区；长江三角洲地区经济发展的重要增长极
浙江舟山摘箬山海洋科技岛	集科研、示范、休闲、旅游、生态为一体的国际级海洋科技岛
山东长岛国际休闲度假岛	国际休闲度假岛
河北唐山湾国际旅游岛	国际一流的民俗故事观览基地；国际一流的爱情岛、情侣岛、出生岛；国际一流的养生养老基地；国际一流的游艇别墅基地；国际一流的海水、温泉基地；国际一流的渔、水文化基地；国际一流的佛文化交流基地；国际一流的商务会展基地；国际一流的海上高尔夫基地

目前，无居民海岛的开发与保护工作在紧锣密鼓的推进中。我国无居民海岛众多，占全国海岛总数的94%，面积为全国海岛总面积的2%。无居民海岛多数远离大陆、交通不便、面积狭小、资源单一，不具备足够的生产和生活条件。但作为国家领土的重要组成，无居民海岛具有难以估量的经济、社会、政治和军事价值。它们或具有潜在的资源、环境价值，或是天然军事屏障，或是国家领海前沿，从战略意义上看，它们是我国海洋可持续发展的重要基地。长期以来，我国无居民海岛处于无人管理状态，由此导致很多严重的问题：有些岛屿资源、环境遭受破坏；有些海岛主权难以有效维护；有些海岛因自然和人为因素已经或正在消失。因此，加强无

居民海岛的开发、保护及管理已刻不容缓。依据2010年3月实施的《中华人民共和国海岛保护法》，我国出台了一系列配套政策、制度和标准，初步构建起了比较完善的无居民海岛管理政策法规体系（表2－3－3）。在此基础上，2011年4月我国启动了无居民海岛开发利用工程建设，国家海洋局公布了首批176个开发利用无居民海岛名单，这些海岛涉及8个省（自治区），其中辽宁11个、山东5个、江苏2个、浙江31个、福建50个、广东60个、广西11个、海南6个，其开发利用的主导用途涉及旅游娱乐、交通运输、工业、仓储、渔业、农林牧业、可再生能源、城乡建设、公共服务等多个领域。通过政策引导，2011年11月8日，宁波市象山县的旦门山岛成为我国第一个获得无居民海岛使用权证书的海岛；11月11日，大羊屿岛成为我国第一个以拍卖形式转让海岛使用权的海岛。国家和地方相关管理政策法规的逐步完善，为无居民海岛开发保护提供了巨大发展空间，有力地推动了无居民海岛资源和环境的有效开发利用。

表2－3－3　无居民海岛管理政策法规

序号	类别	文件名称
1	开发与保护	《海岛保护法》
2		《关于全国海岛保护规划的批复》
3		《关于印发“省级海岛保护规划编制管理办法”的通知》
4		《关于编制省级海岛保护规划的若干意见》
5		《关于印发“省级海岛保护规划编制技术导则（试行）”的通知》
6	权属管理	《关于印发“无居民海岛使用申请审批试行办法”的通知》
7		《关于无居民海岛使用项目审理工作的意见》
8		《关于印发“无居民海岛使用权登记办法”的通知》
9		《关于印发“无居民海岛使用权证书管理办法”的通知》
10		《关于印发无居民海岛使用申请书等格式的通知》
11		《关于印发“无居民海岛使用测量规范”的通知》
12		《关于推进“海岛保护法”生效前已用岛活动确权登记工作的意见》
13	有偿使用	《关于印发“无居民海岛使用金征收使用管理办法”的通知》
14		《关于印发“无居民海岛使用金免缴内部审查工作规则”的通知》

续表

序号	类别	文件名称
15	使用论证	《关于无居民海岛使用项目评审工作的若干意见》
16		《关于印发“无居民海岛保护和利用指导意见”的通知》
17		《关于印发“县级（市级）无居民海岛保护和利用规划编写大纲”的通知》
18		《关于印发“无居民海岛开发利用具体方案编制办法”的通知》
19		《关于印发“无居民海岛开发利用具体方案编写大纲”的通知》
20		《关于印发“无居民海岛使用项目论证报告编写大纲”的通知》
21	地名管理	《关于印发“全国海域海岛地名普查实施方案”的通知》
22		《关于印发“海岛名称管理办法”的通知》
23		《关于印发“钓鱼岛及其部分附属岛屿标准名称”的通知》
24		《关于印发“海岛界定与数量统计方法”的通知》
25		《关于印发“关于海岛名称标准化处理的意见”的通知》
26	修复与保护	《关于开展海域海岛海岸带整治修复保护工作的若干意见》
27		《关于启动实施2012年海岛生态修复示范工程与领海基点保护试点工作的通知》

3. 海岛生态修复与保护逐步推进

虽然我国海岛保护工作起步较晚，但发展迅速，目前已经建立保护范围涉及海岛的自然保护区和特别保护区共57个，对805个海岛形成了有效保护，其中海洋自然保护区48个，含524个海岛；海洋特别保护区9个，含281个海岛。

随着海岛开发力度的加大，引发了一系列的生态和环境问题，主要表现在：在开发建设中对资源、环境的破坏，对海岛经济社会可持续发展造成很大负面影响；由于只注重海岛的经济发展，忽视了社会、环境和生态等方面的建设与发展，造成掠夺式资源开发，使许多海岛生态环境问题严重。

针对生态破坏严重的海岛，依据《海岛保护法》，我国启动了海岛生态环境保护工程，在舟山市桥梁山岛、烟台市小黑山岛和威海市褚岛开展了海岛生态修复试点工作，取得了初步成效。在此基础上，又实施了锦州市笔架山连岛坝、唐山市唐山湾“三岛”、上海市佘山岛、宁波市韭山列岛和渔山列岛及深圳市小铲岛5个不同地区、不同修复类型的省级海岛整治修复及保护类项目，取得了良好效果。为进一步加强海岛保护、生态修复和科学研究活动，2012 年国家投入专项资金重点支持一批海岛实施生态修复示范工程与领海基点保护试点工作，大连大王家岛等 10 个海岛被列入海岛生态修复示范工程范围，山东高角等 5 个领海基点被纳入领海基点保护试点工作范围。

（二）我国经济社会发展对海岛开发与保护的战略需求

海岛具有重要的地位和价值，对全面打造现代海洋经济体系具有重要的支撑作用，开发海岛空间、保护海岛生态环境以及发展海岛经济具有良好的经济和社会意义，发展前景非常广阔。随着我国沿海地区空间资源日趋紧张，开发和建设海岛，以海岛为依托发展海洋经济，将在国家和区域经济社会发展中拥有日益突出的战略地位。

1. 资源需求

我国人口过多，自然资源相对短缺，土地资源、水资源、矿产资源等人均水平较低。当前自然资源短缺状况对我国经济社会的健康发展构成了明显阻碍，削弱了我国经济社会可持续发展的基础。海岛作为海上的陆地，是特殊的海洋资源和环境的复合区域，兼备丰富的海陆资源。

（1）港址资源优势。海岛具有天然的港址资源，某些海岛具有建设深水良港的有利条件。

（2）土地资源优势。海岛上有一定的土地资源，可以为各行各业提供一定数量的土地，包括农业用地和工业用地。

（3）景观资源优势。许多海岛有着美丽的自然景观、宜人的气候条件、平缓开阔的沙滩和浴场，旅游业发展潜力巨大。

（4）养殖资源优势。海岛周围的浅海和滩涂，是海水养殖的良好区域，可以发展养殖业。深水海域离岛较近，适宜发展现代深水养殖。

（5）矿物、油气资源优势。不少海岛蕴藏着一些非金属和金属矿物，某些岛屿及其周边海域分布着丰富的油气资源。

总体看，海岛及其周边海域所拥有的丰富资源和所处的特殊地理空间，将能够在很大程度上满足国家和地方经济社会发展对资源与空间的战略需求。

2. 能源需求

能源紧缺会制约社会经济的发展，我国的能源经济发展还处在较为落后的阶段，对能源的开发和利用主要依赖的是对化石能源利用，而且其开发利用过程中高能耗的情况明显，这使得我国的能源经济有着明显的资源型痕迹，此种情况不利于我国的能源经济健康发展。海岛及其周围海洋蕴含丰富的海洋能，利用风能，潮汐等海洋可再生能源来进行能源生产，可为海岛自身及周边海岛，甚至大陆地区提供电力供给。开发海岛能源项目对我国能源结构战略性调整、促进经济可持续发展，推进能源替代、控制污染和保护生态环境具有重要意义。

3. 构造交通网络的需求

当前国际发展的重要趋势是全球化，资源在全球范围内自由流动，实现资源的全球共享。在全球化背景下，实现资源在全球范围内的流动，就要靠海运来支撑，因为海运的运量最大，效率最高，成本最低，港口周围就变成了资源配置的枢纽。因此，在全球化过程中，港口对于整合各种生产要素、发展各种产业集群以及促进国家经济的发展具有非常重要的意义。一些海岛拥有深水岸线，靠近国际航线，是建设深水港口的宝贵资源，依托海岛建设港口，可发展为交通枢纽、物流中心和资源配置枢纽，进而完善区域和国家对外联系交通网络，带动海岛、临海地区乃至国家经济的发展。

4. 产业结构优化的需求

随着经济全球化进程加速，区域之间的经济联系将更加紧密，竞争也将日趋激烈。在此背景下，顺应世界经济发展潮流，我国必须把海岛经济纳入外向型经济发展轨道，调整产业结构，扩大开放范围，加大招商引资力度，使海岛真正成为开发海洋、沟通国际合作的桥梁和基地。

推进我国海洋经济的崛起，要求海岛产业开发必须具有现代性。当前，我国的海洋经济已进入一个迅猛发展的时代，从总量上看，我国海洋生产总值从“十五”末期的1.8万亿元，增长到2012年的5.0万亿元。但总体来说，我国目前海洋开发整体水平不高，很大程度上是受科技水平制约的。有专家统计，发达国家科学进步因素在海洋经济发展中的贡献率已达到80%左右，而我国还只有30%多。依据世界潮流和国情特点，我国海岛的产业结构必须向高新技术开发方向调整，并使之产业化。

5. 维护国家海洋权益的需求

岛屿在海洋划界中的地位愈加重要，海岛是划分内水、领海及其他管辖海域的重要标志，并与毗邻海域共同构成国家领土的重要组成部分。一个岛礁的主权归属可以决定这个岛周围以200海里为半径的海域的主权和主权权益的归属，一个能维持人类居住或者其本身的经济生活的岛屿可以拥有43万平方千米的专属经济区及该区域内的生物和非生物资源。这就使一些小岛身价倍增，尤其是那些远离大陆的小岛、低潮高地更是如此。从现代国际法和现代海洋法的有关国际判例来看，国际上越来越重视各国对海域或海岛的实际管辖、实际控制而相对轻视历史依据。因此，在我国管辖海域内，尤其是对有争议的海岛，亟须通过实际开发和保护彰显主权、维护国家权益。

6. 可持续发展的需求

实现我国经济社会的可持续发展需要贯彻落实科学发展观。在经济社会可持续发展中，需要特别关注就业，正确处理经济发展与人口、资源、环境的关系。海岛的开发与保护为经济的发展提供实现可持续发展的道路，能够发展新兴产业，提供就业岗位。科学利用海岛，不能重复陆上的错误。开发利用海岛，要考虑海岛的承载力，开发海岛的同时尽可能保护周边环境和生态。要实现海岛可持续发展，保护好海岛生态环境，前瞻的科学规划必不可少。

第二章　我国海岛开发与保护面临的主要问题

（一）海岛经济社会进一步发展约束明显

1. 产业发展遭遇瓶颈

海岛渔业可持续发展能力不足。渔业在海岛产业体系中曾长期占有主导地位，但近年来随着经济社会的发展及海岛周边海域野生渔业资源数量的趋减，海洋渔业在海岛经济结构中的地位和比重逐步下降。在我国的10多个海岛县中，目前仅有长岛县和长海县仍以渔业生产为主。不仅如此，海岛渔业发展的可持续性也面临威胁，存在如下突出问题：① 渔业发展空间受到挤压，渔民增收困难；② 渔港等渔业基础设施年久失修，严重老化；③ 外源性污染带来渔业水域污染和资源衰退。由于渔业发展受阻，导致其在海岛经济中的作用呈下降态势。

海岛旅游层次不高。海岛旅游作为海岛产业结构中新兴的产业门类，近年来获得了长足发展，已成为海岛地区发展经济、拉动就业和增加收入的重要途径。但由于海岛旅游起步较晚、投入不足及管理不完善等方面因素的制约，目前我国海岛旅游尚存在很多深层次的问题和不足，具体包括：① 海岛旅游粗放开发，产品雷同；② 基础设施薄弱，交通不便；③ 缺少统筹安排，缺乏相互协作；④ 宣传力度不足，品牌意识较差。这些问题的存在，对海岛生态环境和经济社会协调发展均构成不利影响。

其他产业发展乏力。对多数海岛而言，由于空间和资源约束，第二产业发展层次较低，主要是依托海洋渔业的水产品加工业、渔具制造业、渔船修造业以及相关的服务业。近年来由于渔业发展缓慢，对海岛仅有的这些较低层次的产业发展带来了较大关联影响，整体发展乏力。但随着港口仓储、海洋风电业、海水淡化业等一些新兴产业的发展，海岛第二产业呈现升级态势，这表明海岛产业发展目前正处于逐步调整和优化时期。

2. 基础设施仍较落后

比较而言，由于投入不足，大部分海岛的基础设施建设仍显落后，难以满足经济社会发展的需求。基础设施不完善和层次较低成为制约海岛可持续发展的关键要素，主要表现如下：① 淡水资源短缺，现有供水设施难以保障；② 交通集疏运条件有待改善，存在着公路布局不合理，技术等级低、抗灾能力弱、共享性差等问题；③ 电力设施仍比较薄弱，供电能力不能满足经济社会发展的需要；④ 市政公用设施亟待完善，城镇生活污水处理、垃圾处理等基础设施相对滞后，交通、供排水等设施建设标准较低等。

3. 关联工程建设不足

在陆海关联和陆岛关联起着决定性作用的“海岛关联工程”严重不足：① 多数近海海岛（特别是大岛）具有港口关联工程，但存在班次少、受海洋环境影响大、保证率不高等问题，远海海岛港口关联工程水平很低，特别是战略性海岛，如南海诸岛港口关联工程几乎空白；② 桥隧关联工程近年有发展，但由于成本高，致发展速度不快、地区不均衡，大部分海岛还处于空白状态；③ 空航关联工程除省市级海岛外，其余海岛几乎空白；④ 信息关联工程普遍差于大陆；⑤ 战略大岛关联严重不足，辽东半岛与山东半岛、台湾岛与福建省、海南岛与广西壮族自治区等的彼此关联度较低，严重影响了彼此的发展与交流，必将影响我国海洋经济的发展。

4. 社会发展水平偏低

近年来，依托自身资源与环境的特色和优势，我国海岛地区建立了相应的产业体系，经济发展程度和社会财富积累水平逐步提高，海岛社会进入了一个新的发展阶段。但与大陆发达地区比较，海岛地区总体发展程度仍有一定差距，这种差距表现在经济、文化、教育、科技、娱乐等方方面面。造成海岛地区经济社会发展落后的原因是多样的，如：历史积累薄弱、地理位置偏远、资源单一且总量偏小、交通通信不便及生态环境承载力差等。鉴于海岛相对落后的发展基础，促进海岛地区经济社会持续发展将是一项长期、艰巨的任务。

（二）海岛生态环境状况不容乐观

我国的一些海岛开发长期处于无序状态，缺乏长远的宏观规划，随意性极大，给本来就很脆弱的海岛生态环境造成极大负面影响和破坏，严重制约海岛资源的可持续利用和海岛经济社会的可持续发展。

1. 基础设施工程造成不良影响

新中国成立至今，为解决海岛对外交通问题，我国修建了一批海堤式岛陆通道工程，福建东山岛，浙江玉环岛，广东东海岛、海陵岛、三灶岛、高栏岛，山东养马岛、红岛，广西龙门岛等地都修建了陆连堤，虽缓解了岛陆交通束缚，但由于海堤隔断海峡，改变原有的海流体系和水动力条件，引起了当地生态环境的不良变化，如厦门集美海堤建成后，造成文昌鱼资源的衰退，污染物不能扩散，两侧淤积加剧。有些海岛修建的围海工程对海岛及其周边海域生态环境产生了负面影响，如浙江玉环县漩门港的筑坝工程和围海蓄淡工程引起乐清海域沉积环境的变化，导致乐清湾的纳潮量减小，加剧了该海域生态环境恶化的趋势。

2. 海岛生物多样性降低

我国海岛生态系统具有丰富的生物多样性，但近年来随着对海岛及其周边海域生物资源掠夺式的开发利用以及外来物种的入侵等原因，海岛生物资源面临比以往任何时候都严重的威胁，海岛生物多样性呈下降态势。在海岛上采挖珊瑚礁，砍伐红树林，滥捕、滥采海岛珍稀生物资源等活动，使海岛及其周边海域生物多样性降低，生态环境恶化。海岛围填海、建港等工程建设活动使海洋生物最为丰富的潮间带不断萎缩，导致大量物种丧失。

3. 海岛污染问题日益突出

随着海岛及周边海域开发活动的增多，海岛污染程度不断提高，对海岛生态环境带来威胁和破坏。海岛生态环境面临的污染威胁：① 来自自身开发活动规模的扩大和强度的提高，海岛旅游、海岛风能及其他产业活动的发展，增加了污染源，扩大了污染程度，对海岛生态环境造成破坏。② 海岛周边海域养殖业、油气开采业、海上运输业等产业活动的增多，也对海岛及周边海域生态环境造成污染和破坏。③ 由于海岛污染处理设施不完善，使得污染问题日趋严重。目前我国有污水处理设备的乡镇级有居民海岛只有3个，其余海岛只能采取排海的处理方式，多数海岛垃圾处理仍然采取原始的填埋方式，造成海岛及其周边海域环境恶化。少数海岛的工业废水也向海洋直排，造成重金属污染，鱼虾大量死亡，海水恶臭，大气能见度低。

4. 海岛数量急剧减少

长期以来，炸岛炸礁、填海连岛、采石挖砂、乱围乱垦等严重改变海岛地形、地貌的事件时有发生，造成部分海岛灭失，海岛数量减少。“908专项”海岛海岸带调查表明，我国至今已有806个海岛彻底消失。海岛消失问题在我国沿海各省、市、自治区所辖海域均不同程度的存在。据统计，从20世纪90年代至今，浙江省的海岛减少200多个，广东省减少了300多个，辽宁省海岛消失48个，河北省海岛消失了60个，福建省海岛消失了83个，海南省海岛消失了51个，……，我国海岛正面临前所未有的生存危机。

（三）海岛管理薄弱

1. 海岛管理不到位

目前，我国海岛开发保护管理工作分散到多个部门，多个行业，条块分割，职责交叉。由于海岛管理必须具备船舶、飞机等工具或手段以及相应的管理队伍，管理成本较大，导致管理难以到位，结果造成了海岛在理论上有人管而实际无人管的局面。海岛具有的独特地理和自然环境特点，也给海岛管理带来很大难度。海岛分布的分散性，给海岛管理带来不便，并且导致管理成本较高；海岛自然条件的多样性，自然灾害的频发性，更增加了海岛管理的复杂性；由于法律法规及配套措施不完善，对管理和执法构成了不利影响；海岛名称管理滞后，部分海岛没有命名，给日常管理和开发保护活动带来不便。由于海岛在管理上存在的不足，致使海岛开发秩序混乱，缺乏统筹规划，开发随意性大，开发主体保护意识不强，盲目追求经济利益，污染和损害海岛生态环境的事件时有发生。近年来，因为海岛管理不到位、开发方式不合理而引发的地质、水文等自然灾害呈增多趋势。

2. 特殊用途海岛保护不力

特殊用途海岛是指具有特殊用途或者重要保护价值的海岛，主要包括领海基点所在海岛、国防用途海岛、海洋自然保护区内的海岛和有居民海岛的特殊用途区域等。在我国已经公布的77个领海基点中，位于海岛上的领海基点有75个；一些海岛上设有各种等级的基线点、重力点、天文点、水准点、全球卫星定位控制点等设施和标志，具有政治、经济、军事、科研等方面的功能和价值；有的海岛具有典型性、代表性的生态系统，保存了一批独特的珍稀物种，还有一些海岛拥有重要的历史遗迹和自然景观，都具有重要保护价值。对上述海岛的保护和管理事关国家和社会长远利益，但由于目前缺乏有力的管理和保护措施，使一些特殊用途海岛存在极大安全隐患，一些已遭受破坏。

（四）岛礁权益遭受侵犯

目前，我国海域被分割、海岛被侵占、海洋资源被非法掠夺的情况已十分严重。我国的8个海洋邻国，即朝鲜、韩国、日本、菲律宾、马来西亚、文莱、越南和印度尼西亚，对我国海域和权益均提出不同程度的无理要求，存在争议海域面积达150多万平方千米。受此影响，我国与相邻国家之间的海岛主权争端极其复杂。

自20世纪60年代开始，南沙群岛一带海域极为丰富的石油储藏前景被揭示之后，菲律宾、越南等一些周边国家开始蠢蠢欲动，在岛屿归属、海域划界等方面不仅提出了主权要求，而且还通过派驻军队，或与外国签订开采石油合同，或通过单方面立法等方式，侵犯我国对南海诸岛及其海域的主权。目前，在属于我国的南沙岛礁中，菲律宾侵占和进驻了9个岛礁，其要求的范围包括54个岛礁滩沙以及41万多平方千米的海域；马来西亚侵占和进驻了10个岛礁，其要求的范围包括12个岛礁滩沙以及27万多平方千米的海域；越南则声称对我西沙、南沙群岛拥有“主权”，并已侵占和进驻了29个岛礁，将南海100多万平方千米的海域划入其版图。

我国和日本海上争端的焦点——钓鱼岛，位于我国东海大陆架的东部边缘，拥有丰富的油气、渔业等资源，更具重要的战略地位，可将我国海防线前推500千米，是我国海军突破第一岛链、前出太平洋的最佳通道。历史文献和治理痕迹证明，钓鱼岛自古以来就是我国领土，中国对钓鱼岛诸岛及其附近海域拥有无可争辩的主权。从20世纪60年代，日本就步步为营，加紧侵占钓鱼岛，并造成了目前实际占领的局面，致使我国对钓鱼岛维权面临极为严峻的形势。

苏岩礁位于东海北部海域，处于水深5.4米的水下，是一个名副其实的水下暗礁。苏岩礁是发育在我国大陆架上的海底丘陵，是我国领土不可分割的一部分。20世纪80年代，韩国开始秘密筹划将苏岩礁占为已有。1987年，韩国最南端的济州地方海洋水产部将苏岩礁标记为“离於岛”，完全罔顾苏岩礁位于我国200海里专属经济区内的事实。2003年韩国以苏岩礁为基础建成了“韩国离於岛综合海洋科学基地”，依托该基地在附近海域进行各种资源勘探活动。在我国黄海大陆架上还有一个类似于苏岩礁的暗礁，名为向日礁，位于水下7.8米，处在我国领海基地向外延伸的200海里专属经济区内。目前，韩国已抢占了日向礁，并于2006年将其改名为“可居岛”，建设了“可居礁海洋科学基地”。

第三章　世界海岛开发与保护发展现状与趋势

一、世界海岛开发与保护发展现状与主要特点

（一）发展现状

1. 实施对外开放促进海岛开发

根据海岛资源和环境条件，结合国家经济社会发展需要，实施海岛对外开放，吸收外来资本，发展特色产业，壮大海岛经济，是当前一些国家促进海岛开发和改变海岛落后面貌的重要途径。

为促进海岛地区经济的发展，1999 年美国成立了海岛事物跨部门管理机构，并实施了包括“海岛纳入联邦贸易行动项目”等的一系列行动，将海岛纳入联邦贸易计划，促进海岛对外开放，以吸引新的投资者、发展新的产业和创造就业机会。为增强对外来投资者的吸引力，美国政府对投资海岛赋以优惠的税收政策。

印度尼西亚拥有 1.7 万座海岛，是世界上最大的群岛国之一。为促进海岛的开发和发展经济，印度尼西亚出台了一系列优惠政策，并加快完善相关法规，以吸引更多的外来投资者。为吸引中东包括海湾地区的投资，印度尼西亚专门成立了伊斯兰金融合作俱乐部。

以海岛旅游闻名于世的马尔代夫，有大小岛屿近 1 200 个。自 1980 年起，马尔代夫依靠国外资金的援助，制定实施海岛开发计划，发展海岛旅游经济，取得极大成功，被称为海岛开发的“马尔代夫模式”。马尔代夫的海岛旅游开发具有高标准、特色化、生态化等特点，资金需求规模大。为增强对国外资金的引进和利用，马尔代夫政府对海岛开发实行国际招标，吸引有雄厚经济实力的集团进行开发建设。

2. 海岛旅游迅速发展

对多数海岛而言，地理位置较为偏远，岛上陆域空间狭窄，自然资源相对单一，生态环境承载力弱，因此其开放开发和经济发展受到很大制约。但由于一些海岛所处的特殊地理空间以及所拥有的独特自然、人文景观，而成为颇具吸引力的旅游目的地，也使海岛旅游成为当前国际海岛开发与产业发展的主导方向。

目前，国外海岛旅游开发已基本成熟，在热带、亚热带的一些区域形成了一批世界著名的海岛旅游度假胜地，主要有：① 分布于地中海沿岸的西班牙巴利阿里群岛、法国科西嘉岛、意大利卡普里岛和马耳他岛等；② 分布于加勒比海沿岸的墨西哥坎昆、巴哈马群岛和百慕大群岛等；③ 分布于大洋洲区的美国夏威夷群岛和澳大利亚大堡礁等；④ 分布于东南亚的新加坡本岛，泰国的普吉岛、攀牙，马来西亚的迪沙鲁、槟榔屿，菲律宾的碧瑶，印度尼西亚的巴厘岛等。这些海岛虽然资源条件各异、规模大小不同，但其所属国家和地区在开发海岛旅游、促进当地经济社会发展方面都取得了很大的成功。在上述海岛地区，旅游业已成为当地经济发展的发动机。世界银行最近的数据表明：世界上最依赖旅游业，且旅游收入占国内生产总值比重最高的 10 个国家中，除克罗地亚外，其余 9 个全部是小岛发展中国家。旅游业已成为很多小岛国家重要的经济支柱。

3. 海岛的军事、科研价值得到开发

一些海岛具有突出的地理位置和自然环境优势，军事价值显著，因此得到一些国家在军事层面的开发利用，被建设成为战略性军事基地。美国是海岛军事基地建设的典型代表，在一些战略要地海岛，通过投资建设，完成其军事部署。美国在夏威夷群岛建有军事基地群，包括珍珠港海军基地、史密斯海军陆战队兵营、薛夫斯堡和斯科菲尔德兵营及希卡姆空军基地。此基地群是连接美国本土和西太平洋各基地群的纽带，是美军太平洋战区的指挥中枢和战区战略预备队的配置地域，是太平洋中航线和南航线的海空运总枢纽；威克岛地处关岛和夏威夷之间，是横渡太平洋航线的中间站，有太平洋的踏脚石之称，第二次世界大战中被称为美国在北太平洋“最有用的地方之一”。第二次世界大战后，美国政府加强对其的军用建设，使其成为檀香山和关岛之间航线的中转站和海底电缆的连接点、弹道导弹试验基地、空军补给站；早在20世纪60年代末，美国就在处于印度洋的查戈斯群岛中最大的岛屿迪戈加西亚岛上建起了军事基地。迪戈加西亚岛距离肯尼亚的蒙巴萨岛约2 200英里，几乎位于非洲和亚洲的正中间。岛上驻扎美军，并储备了大量作战物资。岛上的机场跑道可供B-52大型轰炸机起降，能迅速抵达中东和南亚，在海湾战争、阿富汗战争和伊拉克战争中发挥了重要作用。该岛的天然良港可供第五舰队的航母停靠，美军军舰可借此控制印度洋和红海。

由于具有相对单一、封闭、少干扰的自然环境和资源体系，使得一些海岛保存有较好的地质、生物等历史遗迹或独特的资源特征，科学研究价值极大，是天然的科学实验室，建设科学研究基地的自然条件优越。美国海外领土帕迈拉礁拥有完整的生态系统，是一个没有遭受渔业与伐木业等商业活动蹂躏的太平洋海岛，也是个鸟群、雨林和鱼群旺盛生长繁殖的自然天堂。该岛的科研价值非常高，在珊瑚核心的样本中，蕴藏着10个多世纪以来的气温资料，因此被气象学家视为观察全球气候变迁的理想地点。豪兰岛和贝克岛是美国国家野生动物保护体系的一部分，由美国内政部的鱼类和野生动物服务机构负责管理，仅对科学家和研究人员开放，以开发利用该岛的科研价值。

4. 大力保护海岛生态环境

除海岛开发外，海岛保护是国外进行海岛管理的另一重要目标。很多沿海国家，如美国、澳大利亚和加拿大等，对具有特殊资源条件或保护价值的岛屿，都采取建立保护区的办法加以保护和管理。这些国家建立海岛保护区所依据的条件，大致包括以下几种情况：①珍稀、濒危野生动植物种主要或天然分布于该区域；②有代表性的自然生态系统区域以及经过保护可能恢复原始状态的同类自然生态系统区域；③具有自然遗迹并具有科研价值的自然地理地区；④其他具有特殊保护价值的海岛等。通过设立海岛自然保护区的管理方式，可对区域内的环境和珍稀濒危物种及其生态系统、特种景观、遗迹进行保护，从而防止岛上资源和环境遭受不当影响，有效维护海岛生物多样性及生态系统平衡。

5. 建立海岛开发保护法律体系

为促进海岛开发与保护的规范有序发展，主要沿海国家纷纷加强海岛立法，由此将本国海岛开发与保护建立在完善的法律框架上，依靠法律制度保障海岛沿着可持续的轨道发展。

为消除远离本土“与世隔绝”孤岛的落后状态，改善基础条件，振兴产业，促进国民经济发展，日本出台了《日本孤岛振兴法》及《日本孤岛振兴实行令》、《日本小笠原诸岛振兴开发特别措施法》及《日本小笠原诸岛振兴开发特别措施法实行令》、《日本奄美群岛振兴开发特别措施法》及《日本奄美群岛振兴开发特别措施法实行令》等法律及实行令，对本国海岛开发形成了有力支持。韩国通过出台《韩国沿岸管理法》、《岛屿开发促进法》及《韩国岛屿开发促进法实施令》，促进了本国岛屿的开发、保护与管理。美国在一些涉海的法律、法规中，如《1972 年美国联邦海岸带管理法》、《1978 年美国外大陆架土地法修正案》和《康涅狄格州海岸带管理条例》中，对海岛开发与保护事项做出了明确规定。

加强海岛生物多样性、生态环境以及各种资源，尤其是不可再生资源的保护，是海岛立法的重要目的。为此，一些国家建立了有效的法律规范。美国、澳大利亚、加拿大等国对拥有珍稀物种或历史遗迹的岛屿，制定了专门的岛屿管理规划，如美国得克萨斯州的山姆洛克岛管理计划、佛罗里达州的威顿岛保护方案、澳大利亚的罗特内斯特岛的管理计划、加拿大的艾尔克岛国家公园管理计划等。

6. 生态岛建设成为热点

为促进海岛生态环境的可持续开发利用，保障海岛经济社会健康发展，加拿大爱德华王子岛、韩国的济州岛和美国的纽约长岛等启动了生态岛建设工程，并经过长期努力而取得了显著成效，成为世界海岛开发利用的成功典范，为海岛可持续开发利用指明了方向。

加拿大爱德华王子岛现以“水清、气净、土洁”的良好生态环境而著称，其成功经验体现在 3 个方面：①法律保障完备，加拿大的《自然区保护法规》、《野生动物保护法规》、《可再生能源法规》、《可持续资源政策》等法律法规，成为区域生态建设的重要保障。②加强科技支撑，爱德华王子岛的生态岛建设与技术密不可分。如利用残茬管理措施，提高马铃薯种植的经济效益，同时解决了土壤污染问题。在水资源利用方面，该岛拥有先进的水资源管理系统，废水分离和管理系统使废水再利用率达到 65%。对于过期或没用的药物、轮胎等特殊物品也可以通过科学技术实现转化再利用。③建立了深入民心的环保文化。这种文化强调，保持清洁的、可持续发展的优质环境，是开展经济活动的前提，是保持人民生活高质量的基础。

韩国济州岛的发展历程体现了由国家和地方政府主导进行生态岛全盘规划的途径。其主要措施有：①整体规划，反复论证，以法律形式保障区域建设执行。2002 年韩国国会通过《济州国际自由城市特别法》，首次以法律形式确定了济州岛特区的地位，正式启动济州特区的开发计划。②政府支持。政府为来岛进行旅游业投资的企业与个人提供减免税收等优惠政策，引导主导产业发展；并计划投入 1 192 亿韩元用于 120 个开发项目。

美国纽约的长岛是集高端住宅区、科技研发和生态旅游区为一体的现代生态岛，其建设特点表现为：①加强交通基础设施建设，打破岛屿封闭性。现在长岛与曼哈顿之间修建了近 10 座大桥，拥有美国最大的机场约翰·肯尼迪国际机场以及瓜迪亚机场，岛内的高速公路和轨道交通也非常发达，已成为海陆空交通均十分发达的地区。②立法保护生态环境。从 1965 年通过的《固体废弃物处理法》，1969 年制定的第一部联邦环境成文法《国家环境政策法》，美国鼓励对资源的再生利用和对环境的积极保护。这些法律在长岛得到了很好的执行。另外长岛拥有大量从事环保工作的非政府组织。其中较为知名的是成立于 1967 年的环境保护基金（EDF）。该基金委员会于 1966 年促成了在长岛禁用氯代烃杀虫剂 DDT。现在，环境保护基金活跃于法庭、监察听证会和管制诉讼的政府论坛，凭借经济、科学和法律上的技能优势高效处理相关环境问题。③建立了发达的科研教育系统和科研机构，使长岛居民的文化素质和科技水平明显高于其他区域，为发展技术密集型的高科技产业提供了有利条件。同时高素质人口较强的环境保护意识也利于生态环境保护行动的开展。

7. 海岛主权争端问题突出

根据《联合国海洋法公约》规定：一个岛礁的主权归属可以决定这个岛周围以 200 海里为半径的海域的主权和主权权益的归属，一个能维持人类居住或者其本身的经济生活的岛屿可以拥有 43 万平方千米的专属经济区及该区域内的生物和非生物资源，从这个意义上讲，维护海岛安全就是维护海洋国土的安全。这就使一些小岛身价倍增，尤其是那些远离大陆，资源十分匮乏，又是不毛之地，人类难以立足的小岛、小礁更是如此。

目前，一些远离陆地岛礁的主权争端已成为国际“热点”。国际上较突出的争端有：俄罗斯与日本的南千岛群岛（4 996 平方千米）之争，韩国与日本的独岛（或竹岛，0.187 平方千米）之争，也门和索马里的索科特拉群岛（3 625 平方千米）之争，英国与毛里求斯及塞舌尔的查戈斯群岛（63.17 平方千米）之争，法国与科摩罗的马约特岛（374 平方千米）之争，法国与马达加斯加的欧罗巴岛（28 平方千米）之争，美国与俄罗斯的白令海（186 平方千米）之争，美国与海地的纳瓦萨岛（5.2 平方千米）之争，英国与阿根廷的马尔维纳斯群岛（12 173 平方千米）、南乔治亚岛和南桑德维奇群岛（3 756 平方千米）之争，哥伦比亚与尼加拉瓜的圣安德列斯群岛、普罗维登西亚岛和圣卡特林那岛（52 平方千米）之争等。随着海洋在全球可持续发展中战略地位的提升，如何妥善解决国家间海岛主权争端，成为促进国际和平和发展面临的重大课题。

（二）主要特点

从国际海岛开发与保护状况看，主要呈现出如下特点。

1. 海岛开发与保护得到高度重视

长期以来，为促进海岛开发保护的发展，国际组织采取了一系列重要行动。1973 年联合国教科文组织制定了有关海岛生态系统合理利用的“人与生物圈计划”，并在南太平洋若干岛屿以及地中海、加勒比海岛屿推广实施。1992 年，联合国世界环境与发展委员会会议通过了《21 世纪议程》，提出了“小岛屿的可持续发展”战略问题。1994 年联合国又通过了《小岛屿发展中国家可持续发展行动纲领》，要求各国采取切实的措施，加强对岛屿资源开发的管理。在联合国的推动下，为充分挖掘海岛潜力，改善海岛落后状况，发展海岛特色经济，一些沿海国家通过实施海岛对外开放、发展特色产业、建立保护区及加强法规建设等措施，积极推动海岛开发保护的发展。

2. 海岛开发保护共性与个性并存

世界海岛众多，具有类型多样性和资源环境不确定性等特点，这使得全球海岛开发与保护活动具有多元化属性，处在不同区域及社会经济发展阶段的海岛存在显著的差别，但不乏一些共性因素。一般海岛开发与经济发展除了海岛陆地上有限的土地与矿产资源外，主要依赖海洋生物、滨海旅游及港口等地方优势资源，形成了典型的“资源依赖型”经济发展模式，并对海岛自身脆弱的资源和环境承载力产生显著的影响。

3. 形成了多元化的海岛经济发展模式

不同的海岛发展模式形成了不同的海岛经济开发模式，而不同的海岛经济开发模式又反过来直接影响海岛的社会经济发展，形成了不同的海岛开发与保护战略。相对而言，面积较大，具有一定人口和土地空间的海岛形成了以1～2种主导产业为主，多种产业并存的综合性海岛经济发展模式；面积相对较小，发展空间有限的海岛则集中发展一种或少数几种产业，形成了专业化的海岛经济发展模式；此外，还有少数海岛受到国家社会、政治、军事与科技发展的影响，形成了特殊的海岛战略开发模式，建设成为海上防卫基地、远洋补给基地、海洋科研基地等。

4. 海岛产业结构逐步升级

在全球一体化发展背景下，区域经济发展竞争加剧，多数中小型海岛经济发展面临诸多不利因素的影响，传统产业竞争力下降，新兴产业得到开发，由此催生了新型海岛产业的发展。对于很多处在发展阶段的海岛而言，传统产业部门，如农、牧、渔业及初级产品加工业已经衰退，而海岛旅游、公共管理、离岸金融、装备制造业、信息与通信技术等新兴产业部门开始起步，海岛服务业成为替代传统种植业和渔业的主要海岛产业。以日本冲绳岛为例，在日本政府财政补贴体系的支持下，冲绳岛已成为国际信息与通信技术产业的中心，旅游业和信息技术产业取代传统渔业成为海岛主导产业。此外，通过鼓励循环经济发展和减少环境灾害等措施，推动零排放模式发展，冲绳岛以其健康与长寿形象成为世界知名的“健康岛”，彻底改变了其传统落后的产业结构。

5. 注重海岛可持续发展

海岛可持续发展，即充分尊重海岛独特的自然环境属性，以海岛自然生态系统保全和海岛社区文化传统维护为前提，实现海岛经济与社会环境的协调发展，其重点在于海岛的保护。发挥海岛社区的参与和决策权力，通过传统产业的优化和新型生态产业的开发来减少海岛开发的不利影响，通过海岛保护区建设来促进海岛生态环境的保护和自然生态系统的修复。由于生态旅游业发展在生物多样性保全和自然资源可持续利用方面的巨大潜力，以及海洋能等新型可再生能源在海岛可持续发展领域的重要价值，以海岛保护区建设为载体，以绿色可再生能源为保障，结合休闲渔业和生态旅游开发的新型海岛发展路径适合那些具有独特的海岛生态系统、珍稀动植物资源与传统地方文化、重要生态系统服务价值的生态环境脆弱的海岛及其周边海域。因此，近年来海岛保护区建设逐渐成为海岛资源环境保全与海岛可持续发展的重要手段，并在多个国家被海岛管理者和海岛居民所接受，成为很多海岛可持续发展的重要路径选择。

二、世界海岛开发与保护发展趋势

（一）可持续发展成为海岛开发与保护的基本主题

联合国在《21 世纪议程》和《可持续发展世界首脑会议实施计划》中提出了海洋可持续发展理念，为推进全球海洋可持续发展提供了重要的行动指南。海岛是海洋生态系统的重要组成部分，海岛可持续发展是海洋可持续发展不可分割的有机构成。海岛及其周边海域作为一个国家的重要国土空间，蕴藏着丰富的生物、矿产、港口、旅游、海洋能等资源，具有难以估量的社会、经济、政治、军事、生态及科研价值，在国民经济和社会发展中发挥着越来越重要的作用。鉴于海岛在海洋可持续发展中日益提升的战略地位，在充分尊重海岛自然属性的基础上，结合经济社会发展需求推进海岛可持续发展，将成为今后世界上实施海岛开发与保护活动的基本主题，生态环境保护与产业开发的协调发展成为海岛开发与保护决策的核心原则。

（二）海岛自身价值体现成为海岛开发保护的根本依据

不同的海岛具有不同的价值体现，有的海岛具有战略价值，在争取和维护海洋权益、保障国防安全中有重要作用；有的海岛具有经济资源价值，在生物资源、空间资源、矿产资源、可再生能源、水产资源、淡水资源等某一方面或几个方面优势突出；有的海岛具有生态环境价值，或拥有典型的生态系统和生态关键区，或生物多样性丰富，或拥有珍稀、濒危物种；有的海岛具有社会文化价值，拥有自然历史遗迹、人类活动历史遗迹以及美丽的自然风光，在科学研究价值和旅游方面具有特殊价值。海岛自身价值的差异，为海岛开发与保护活动的实施提供了根本依据。在可持续理念指导下，依靠科技进步，不同海岛的特殊价值将逐步得到开发利用，从而在维护国家权益、保障国防安全、供给资源、促进经济发展、建立保护区、开展科学研究、丰富大众娱乐生活等不同方面做出卓越贡献。

（三）特色服务业的兴起是世界海岛开发的新趋势

传统的海岛开发除了海岛陆地上有限的土地与矿产资源外，主要依赖海洋生物、滨海旅游及港口等地方优势资源，是一种典型的“资源依赖型”经济，对海岛自身脆弱的资源和环境承载力具有显著的影响。随着经济全球化和环境保护主义的深入发展，海岛可持续发展理念及海岛自身的生态环境与生存压力迫使海岛社会进行变革，农、牧、渔业等传统海岛产业快速弱化，以旅游、仓储、金融为代表的特色化海岛服务业的兴起成为世界海岛开发的新趋势，这同时也带来了对海岛生态环境的关注，使得海岛保护投入的力度不断提升，保护性开发成为世界海岛开发与保护的显著特征。

（四）形成世界性的海岛保护区网络

海岛特有的自然地理环境决定了健康的海岛生态系统是海岛开发的前提条件，也是确保海岛成功开发的基础，世界海岛开发的同时离不开海岛的保护，开发与保护是人类开发利用海岛过程中互为补充和相互促进的两个侧面。以保护区形式对特定区域内的环境和珍稀濒危物种及其生态系统、特种景观、遗迹进行保护，从而防止海岛资源和环境遭受不当影响，有效维护海岛生物多样性及生态系统平衡，是世界上推行海岛保护的普遍做法，在实践过程中取得了显著成效。随着海岛保护需求的增长，在一些国际组织的推动下，海岛保护区建设将得到更快速更健康的发展。不久的将来，在全球范围内将形成一个规模庞大、特色鲜明的海岛保护区网络，形成对世界上海岛生态系统及其传统社会文化遗产的有效保护。

（五）海岛基础设施高度提升

在之前的海岛基础设施建设过程中，由于重视程度不够、投资力度小以及管理弱化，导致海岛基础设施建设数量、质量与规模远远滞后于经济发展速度，建设标准过低，现代化水平不高，抵御自然灾害和突发性事件的能力较弱，基础设施的保障功能未能得到充分发挥，这些都成为制约海岛可持续发展的重要“瓶颈”。为促进海岛开发利用，系统、完善的海岛基础设施建设将得到加强，包括：完善岛屿交通基础设施，构架岛屿与大陆及岛际间的现代化立体交通网络；改善岛屿陆上交通条件，建设配套的接线公路，构建岛内路网结构。同时加强电网、水网建设，形成现代化的海岛生产和生活基础设施网络。

（六）多途径解决海岛主权争端

从近年国际实践看，对于解决岛礁主权归属问题，除司法途径外，通过和平协商解决也是一个重要的方式。主要做法有：① 提出主权要求的国家对争议岛礁实行分治，对该区域海洋资源开发实行管理和控制，共同获取利益，葡萄牙、荷兰通过此方式解决了帝汶岛争议；② 两个或两个以上国家对岛礁共同行使主权，如英国和法国对新赫布里底群岛的共管、英国和美国对坎顿岛和恩德伯里岛的共同控制；③ 承认一国主权的同时对某些主权权利加以限制，并赋予了相关他国以特殊的权利，最典型的是斯瓦尔巴德群岛的主权争端解决模式；④ 海岸相邻或相向的国家通过政府间协议的方式，对跨界或权利主张重叠海域的海洋资源进行共同开发，作为争端解决前的临时安排。

第四章　我国海岛开发与保护的战略定位、目标与重点

（一）战略定位与发展思路

1. 战略定位

（1）重要的经济社会发展空间载体。依托一批面积较大、淡水和耕地资源较丰富、资源和环境承载力较强以及具有一定经济社会发展基础的海岛，在国家和地方政策法规框架下，完善海岛总体建设布局，依靠科技创新实施开发工程建设，提高海岛基础设施水平，合理发展岛陆、岛岛通道工程，构建特色产业体系，推动海岛经济社会发展，使一批海岛成为我国重要的经济社会发展空间载体，促进对海岛及其周边海域资源的开发利用，并以这些海岛为基地，积极拓展海洋开发空间，加强对深远海资源和空间的开发利用，壮大海洋经济，推动海岛社区发展。

（2）海防安全和海洋权益保障基地。根据《联合国海洋法公约》，海岛是划分内水、领海和200海里专属经济区等管辖海域的重要标志，因此再小的岛屿，其在维护国家海洋权益中也可能具有十分重要的意义；海岛还具有重要的国防及军事战略价值，一些散布于辽阔海域中的海岛，构成了国家海防的最前线。鉴于海岛在国家海洋安全和海洋权益维护中所具有的重要作用和地位，应加强对相关海岛的开发保护规划，建设一批国防军事设施工程，促进领海基点岛的保护和开发，使一批海岛在维护国家海洋安全和海洋权益中发挥重要的保障作用。

（3）海洋科学研究基地。由于具有相对单一、封闭、少干扰的自然环境和资源体系，使得一些海岛保存有较好的地质、生物等历史遗迹或独特的资源特征，科学研究价值极大，是天然的科学实验室，建设科学研究基地的自然条件非常优越。因此应充分利用这些海岛良好的自然条件，促进基础条件建设，建立一批高水平的海洋科学研究基地，包括海岛试验场、

海岛观测站、海岛测试基地等，使之成为海洋科学研究的天然实验室，加强对制约海洋和海岛开发保护关键科学问题的研究和创新。

（4）特殊生态和环境保护区。对以下具有生态环境价值的海岛：拥有典型的生态系统和生态关键区的海岛；拥有极大的物种多样性的海岛；拥有珍稀或濒危物种的海岛；对具有重要经济价值的海洋生物生存区域或地方性海洋生物有重要影响的海岛，以及具有自然历史遗迹、人类活动历史遗迹、美丽自然风光等方面社会文化价值的海岛，加强各级各类保护区建设与管理，有选择的制定和划定一批各种类型的自然生态环境和社会文化保护区，进行规划保护，以求保留、保存天然的海岛自然景观风貌，改善海岛生态过程和生态系统。

2. 战略原则

（1）国家利益至上原则。海岛具有重要的且不可估量的国防、军事、经济价值，因此，海岛的开发与保护首先以国家利益为最高原则，任何的合作、外交、经济、科研、社会和保护活动都不能牺牲国家的利益，都要担负相应的维护国家利益的责任。

（2）生态保护优先原则。在内外力长期作用下形成的固有的生态系统是维系海岛生存的基础，在进行海岛开发保护时，要充分认识海岛生态系统保护的重要性，尊重其特殊性和脆弱性，对维持海岛存在的岛体、海岸线、沙滩、植被、淡水和周边海域等生物群落和非生物环境实行科学规划和严格保护。

（3）因岛制宜原则。不同海岛在资源、环境、生态、开发保护现状与潜力及今后承载的社会功能等方面存在一定差异，进行海岛开发保护，要综合考虑不同海岛的自身特点，科学定位每个海岛的具体功能，明确每个海岛开发或保护的基本方向，从而以每个海岛的合理开发或保护为基础，促进整个国家或地区海岛体系的可持续发展。

（4）统筹协调原则。应从国家层面对主权海岛的开发保护进行统筹规划，明确全国海岛开发保护的空间和时序安排，保证海岛开发保护的规范有序推进。在国家宏观管控的基础上，制定和落实省（直辖市、自治区）、市、县 3 个层次的海岛开发保护详细规划，严格执行相关法规和政策，加大管理力度，加大资金投入，切实保证海岛开发保护的顺利推进。

（5）科技创新引领原则。科学技术是海岛开发保护实现最终目标的根本保障。要积极开展海岛开发保护技术研究，发展海岛开发保护关键技术，引导和支持新能源、新材料、新技术在海岛开发保护与管理工作中的应用，倡导绿色、环保、低碳、节能的理念，探索海岛生态型发展模式，通过示范和推广，以科技创新促进海岛开发保护的健康发展。

3. 发展思路

围绕促进海岛可持续发展，坚持科学发展观，加强海岛综合管理体制机制建设，完善海岛开发保护法规和规划体系，强化海洋和海岛综合执法体系，着力保障海岛权益和海岛安全，优化海岛生产生活基础环境，加强人才队伍建设，建立一支符合海岛开发保护发展需求的人才队伍，不断提升海岛开发保护科技创新能力，实施一批重大海岛开发保护工程项目，积极维护海岛生态环境，坚持保护型开发海岛资源，促进海岛产业结构优化，提高海岛居民生活质量，使海岛在经济社会发展、海洋安全和海洋权益维护、海洋科学研究、特殊生态环境与社会文化价值保护中发挥重要的载体作用。

（二）战略目标

到2020年，海洋和海岛综合管理体制基本建立，海岛开发与保护规划体系有效实施，建立一支高效率海洋与海岛综合管理执法维权队伍，建成一批涉及海岛经济社会发展、海洋安全和权益维护、海洋科学研究、海岛生态环境保护等的重大海岛开发保护工程项目，海岛保护区网络建设与管理卓有成效，应不断增强对海岛开发保护的人才水平与科技创新能力，海岛开发保护进入科学有序轨道，将一批重点海岛建设为海岛经济社会发展和生态文明建设示范区，带动我国海岛开发保护的全面协调发展，为推动我国进入海洋强国初级阶段做出重大贡献。

到2030年，建立适应海岛开发保护发展需要的高水平人才队伍，建立强有力的海洋与海岛综合管理执法维权队伍，形成完善、可持续的海岛开发保护科技支撑体系，完善海岛管理体制与制度，海岛开发保护有序进行，一批重点工程建设加快推进，海岛生态环境保持良性循环，环境质量明显改善，形成与生态环境协调一致的海岛产业体系，海岛在保障海洋安全和海洋权益中的作用明显提升，海岛国际争端得到有效破解，和谐海洋建设成效显著。以海岛发展为重要支点，促使我国进入中等海洋强国行列。

到2050年，建成国际先进的海岛开发保护基础设施体系，全国海岛开发保护布局完善、协调、高效，海岛开发、经济发展与海岛生态环境保护实现均衡发展，海岛生态环境优良，特殊用途海岛得到合理建设与保护，海岛成为我国促进海洋经济可持续发展、维护海洋权益、开展科学研究、保护海洋生态环境及区域社会进步的战略空间载体，为我国建设成为世界海洋强国发挥重要的支撑作用。

（三）战略任务

1. 完善海岛基础设施，提升海岛开发保护支撑能力

水资源不足是制约海岛经济可持续发展的主要“瓶颈”。结合海岛实际，要着力加强本地水源、岛外引水、海水淡化三位一体的供水安全保障体系建设，确保海岛地区整体供水安全。要大力提高蓄水、供水能力，同时建设排水收集和中水回用设施。

适应现代交通发展要求，以改善岛内、岛际和岛陆的交通环境为主线，继续加强交通基础设施建设，完善构建多形式、多层次的“快捷、安全、方便”综合交通网络，进一步提高交通基础设施的整体功能和运输能力。

发挥一些海岛所具备的港口资源优势，加大港口资源的合理开发利用，完善港口基础设施，抓好疏港公路建设。加强海岛渔港建设，进一步完善渔港设施，发挥渔港功能。

依托一批具有较好的经济社会发展基础的海岛城市，进一步改善人居环境，提升城区整体形象和品位，尽快形成具有鲜明特色和文化品位的滨海生态城市风貌。以交通、供水、供电、环境整治为重点，推进中心镇及渔农村小城镇的基础设施建设，改变渔农村基础设施落后面貌。

改善海岛电力供给，实施对原有输配电线路的更新改造，提高输电能力和供电的安全性和可靠性，积极推进太阳能、风能、波浪能、潮汐能等可再生能源的开发利用。

2. 加强海岛生态环境修复与保护，夯实海岛可持续发展的物质基础

（1）实施海岛资源和生态调查评估。结合全国土地调查，清查我国海岛的数量、位置、面积、资源生态保护与利用的基本情况和变化情况，组织有关技术单位对海岛生态环境现状进行评估，针对不同岛屿生态环境损害程度及类型的不同，制定相应的生态保护和修复计划，并按照计划要求

组织实施海岛生态恢复工作，恢复有开发价值的海岸和被毁沙滩。建立海岛生态环境定期调查评估机制。

（2）开展海岛污染治理。严格控制居民、游客生活污水和工业污水的排放，加强对农业、养殖业污染的控制和处理，增加生活污水和工业污水的截污率，进行河道整治、清淤，实现库河联网。制定适合海岛区域的废物、污染物的处理及排放方法。同时加强新技术和新工艺的开发应用。加大对海上污染的防治，对来往船舶含油污水实施集中处理，从对溢油事故的监控、预警，到治理技术、损害评估形成一套完整的防治系统。在受到环境污染，生态破坏的区域，采取生物、物理及化学等综合方法，修复、重建受损的生态系统，以建设绿色海岛为载体，切实抓好生态公益林建设。海域、海岛和海岸带整治、修复和保护规划的实施，离不开健全的法律法规和高效严格的执法管理体系。因此，要加强监督执法能力建设，提升海上执法力度，严格控制污染。

（3）建设海岛保护区。一方面，针对水资源保护，实施海岛河道综合整治和饮用水保护区建设，注重水资源保护，确保海岛饮用水质；另一方面，加强海岛典型生态系统和物种多样性保护，维护海岛生态特性和基本功能，重点保护具有典型生态系统和珍稀濒危生物物种资源的海岛。有选择地划定各种类型的珍稀与濒危动物自然保护区、原始自然生物多样性保护区等，进行规划保护，促进资源的恢复。开展海岛物种登记，防止外来物种入侵。加强科学研究和宣传教育，普及海岛典型生态系统和物种多样性知识。

3. 促进海岛资源合理开发，推动海岛经济社会发展

（1）合理开发利用海岛资源。对于具有经济植物、动物、海岛捕捞、海水养殖，港口与机场、滩涂、土地、油气、固体矿产、化学资源、地表水及地下水的海岛，要在开展资源摸底调查的基础上，依据资源环境承载力，合理开发利用各种资源，促进海岛经济健康发展。针对海岛能源短缺问题及环境保护需求，要加大对可再生能源的开发利用，在有条件的海岛上建设海岛可再生能源独立电力系统示范基地，加强对边远海岛可再生能源建设工程的扶持力度。支持符合条件的近岸海岛建设风能、太阳能、海洋能等可再生能源发电系统，提高可再生能源在海岛能源消费中的比重。

（2）大力发展海岛经济。充分利用海岛工业资源，建设临海工业带，

利用海岛丰富的海洋资源发展水产品深加工、海洋生物制品和船舶修造等。利用海岛得天独厚的地理位置，建港条件和丰富的自然人文景观因地制宜地重点发展物流和旅游业。积极争取国家政策支持，建立多元化的海岛投入机制，培育引入多种投资主体，共同参与重要海岛的开发建设，推进海洋新兴产业、海洋服务业和临港先进制造业的集聚、规模化发展，培育形成新型海岛主导产业。

4. 提升海岛管理水平，切实维护海岛与海洋权益

（1）强化领海基点海岛保护与管理。我国的领海基点大部分位于岛屿上，这些海岛生态系统极为脆弱，如果因为人类干扰或自然灾害造成领海基点消失，将意味着领海基点周围海洋权益的丧失，因而对这些岛屿的保护等同于对领海基点的保护，意义重大。要制定领海基点海岛保护技术标准和规范，划定领海基点海岛的保护范围，开展领海基点保护范围的标志设置工作。建立并实施领海基点保护范围标志定期维护制度，将领海基点海岛的监视监测系统纳入国家海岛监视监测体系的优先建设范围，保证中国海洋主权权益不受损害。

（2）建设国家海岛监视监测系统。以航空遥感、卫星遥感、船舶巡航和登岛调查为手段，依托现有的海域动态监管平台，整合资源，建立统一、信息共享的海岛数据库和海岛管理信息系统，对海岛的保护与利用等状况实施监视、监测。通过实现海岛的信息化管理实现海岛信息资源共享和信息服务的社会化，为海岛的开发及科研活动提供准确、权威的数据资料；同时通过面向大众的信息服务及科普宣传。使社会公众了解海岛开发利用与管理情况，提高公众的海岛意识。

（3）切实维护海岛与海洋权益。能否切实维护海岛与海洋权益，直接关系到我国海洋和海岛开发的可持续发展。针对我国海岛与海洋权益当前面临的现实情况，要进一步完善海岛及其周边海域行政管理体制，明确军地职能分工，构建军民一体的管理与协调机制，为国家海岛和海洋权益维护和资源和平利用提供民事保障；大力推进海陆关联工程建设，建设一批海岛港口、机场、道路、水电、通信等基础设施，构建方便快捷的陆岛海、空交通网络；在南海海域建设远洋补给、军事防御、渔业开发、科学观测等人工平台设施建设工程。实施南海海洋环境与资源调查，编制海洋功能区划和海岛、海洋开发与保护行动计划。

5. 大力发展海陆关联工程

建设一批海岛港口、机场、道路、水电、通信等关联工程基础设施，构建方便快捷的陆岛海、空交通网络、信息网络、水电网络；建成省级海岛的国家关联工程、地市级海岛的省级关联工程、一般海岛的市级关联工程；特别要建成大陆—琼州海峡—海南岛—西沙—中沙—南沙战略关联通道（南海区域关联通道）、渤海海峡桥隧关联工程（北海区域关联通道）、台湾海峡桥隧关联工程（东海区域关联通道），形成北海、东海和南海的大区关联通道网络；打下中华民族伟大复兴大业的百年基础。

第五章 重大海岛开发与保护工程项目

（一）海岛基础情况调查与评估工程

该项工作实施目的是为了摸清我国海岛现状，包含海岛自然环境状况、经济发展状况、人文环境情况以及社会建设状况，通过调查分析与评估，为海岛开发保护工程建设提供必要的基础数据和科学依据，避免海岛开发与保护工程规划建设缺乏数据支撑，出现盲目和不足，劳民伤财。同时，也为保护海岛及其周边海域生态系统、合理利用海岛资源等提供依据。

该工作主要任务包含以下几点：①结合《全国海岛保护规划》（2011—2020）提出的海岛资源和生态评估调查工作，增加经济发展状况、人文环境情况和社会建设状况调查，弄清每个海岛的发展现状、发展定位、发展不足和发展目标。同时，适时开展“海岛港址资源专项调查”、“海岛周边海域自然环境普查”、“海岛新能源普查”，获取重点工程和专项工作所需的数据和基本资料；②将调查所得数据和资料汇总，建立海岛开发与保护工程专项数据库，方便资料的调阅和查询；③设立专门的期刊、杂志、报纸或网络，发布与海岛开发保护工程相关的信息；④成立国家级、省级、市级示范岛区，跟踪调查其海岛开发与保护工程规划建设和运营状况并发布相关信息，为其他海岛提供可借鉴经验。

（二）海岛生态保护工程

我国海岛开发利用随意性较大，开发秩序混乱，使海岛资源和生态系统面临较大威胁。海岛生态保护工程实施有利于海岛的可持续发展，符合国家战略目标。该工程主要目标是保护海岛生态资源多样性和物种资源多样性，提高海岛抵御风险能力，增加其水源涵养量、土壤保有量、风浪抵抗力等。

该项工程主要包含以下任务：①增加海岛开发与保护基础工程投入，有效改善海岛居民基本生活条件，避免海岛生态环境出现人为污染和破坏；

②建立海岛管理人员培训机制，提高海岛管理人员文化素质水平，确保海岛走向环境友好型发展道路；③以典型海岛为例，建立海岛生态保护示范区，实施海岛生态保护工程，切实推进海岛生态保护工作的进行；④加强教育宣传工作，使绿色发展、生态发展观念深入人心。

（三）海岛淡水资源开发利用工程

淡水资源一直是制约海岛发展的关键因素之一。如何有效解决淡水资源供应是迫切需要解决的难题之一。该工程实施目标是有效保护海岛淡水资源、合理获取淡水补给以及对淡水资源进行有效利用，从而保障海岛居民生活用水，并逐步解决生产用水的需求。

该工程主要任务包含如下：① 建立健全海岛淡水资源管理制度，实施海岛水源涵养工程，同时海岛开发利用过程中要充分考虑海岛水资源条件和承载能力，严格控制海岛地下水开采；② 提高现有蓄水工程的复蓄系数，提高地下水资源的利用率，主要是将尚未利用的较大的集雨面积的降水通过隧洞、环山水渠等工程引入水库，提高现有蓄水工程复蓄系数。同时在居民比较分散的岛屿，通过开挖坑道井、机井等方法增大对基岩裂隙水、平原潜水的利用率，解决居民饮水困难的问题；③ 发挥海岛现有水厂作用，加大配水管网的改造，减少损耗，提高供水水质水量，提高供水保证率；④ 适时兴建陆域引水工程，根据海岛工农业发展和人民生活需要以及海岛工程建设情况，适时兴建陆域引水工程，以便有效解决海岛经济社会发展对水资源的需求；⑤筹建海水淡化工程。将舟山群岛建立成海水淡化产业示范岛，对淡化水给予财政补贴，对其他兴建海水淡化工程的海岛也给予财政支持和补贴。⑥因地制宜开展水库扩建、新库兴建、坑道井、拦蓄大坝等水利工程，支持兴建家庭式集水系统设施；⑦兴建海岛污水处理厂或者污水净化设施，处理水可多次利用，从而提升淡水多次利用率。

（四）海岛岛内交通网络完善工程

长久以来，海岛交通一直制约海岛的发展，“岛内交通不便”问题一直没有得到妥善解决。该工程目标是建设通畅的岛内交通网络，有效解决岛内交通困难问题。

该工程主要任务是：① 海南、舟山、崇明等海岛新建公路设施，增加通车里程，形成四通八达的交通网络；② 根据现实要求和长远发展目标，改造现有公路，提升公路通车能力。③ 偏远海岛和面积较小海岛，建设重点在于修建主关联马路或公路，保障居民岛内交通便利，尤其是码头关联道路。

（五）海岛动力能源工程

海岛资源匮乏，能源供给不足，海岛发展受其制约颇多。长久以来，海岛面临电力供应不足的困境。该工程目标是充分开发利用海岛能源，适时建设陆供岛电力能源工程，保障海岛居民用电需求，尤其是远岸岛，改善海岛居民生活生产条件。

该项工程主要任务是：① 展开“海岛新能源普查”专项调查，做好新能源监测选址工作，摸清各岛新能源蕴含情况，为海岛新能源大规模利用做好准备工作；② 选取合适地址，建设海岛新能源开发利用实验基地，例如海上风能试验场、海流能试验场、海浪能试验场等；③ 具有丰富新型能源且基础设施接入较好的海岛，重点开发利其新能源，优化能源利用结构，降低对传统能源的依赖性；④ 加大对海岛电力能源供应的政策和财政支持，明确将海岛动力能源供应问题提升到国家发展层面，对相关的技术研究、科学实验和工程建设给予政策和财政支持；⑤ 开发多种能源供应形式，形成新能源供应与传统能源供应相结合的局面，并逐步提高新能源供应所占比例；⑥ 选取代表性偏远海岛作为示范基地，建设海岛独立电力能源供应系统，根据海岛资源特点，以风、光、浪、流等新能源作为主要电力能源供应方式，满足海岛居民用电需求；⑦ 加快基础设施特别是特高压主电网和骨干网架与大陆、大岛的连接线建设，进一步适应系统高效运行和多元化电源接入的需求；⑧ 优化、改造现有供电网络，完善电力供应服务系统。

（六）海岛信息关联工程

现今，信息和石油、煤炭、天然气等一样，已经成为一种重要资源。该项工程实施目标是：确保海岛电话通、邮件通、网络通，方便海岛与大陆之间、海岛之间信息交流与沟通，促进海岛经济社会发展。

鉴于以上目标，该工程主要任务是：① 构建海岛信息工程大蓝图。以海岛普查结果为基础，根据海岛地理位置、人口数量、经济发展等情况，合理规划海岛信息工程蓝图。② 加强近岸岛信息工程建设力度，争取近岸岛家家通电话，户户通网络，邮件信件进出无障碍。③ 加强远岸岛通信基站建设，确保通信无障碍，尤其是我国南海地区，通信基站建设刻不容缓。④ 相近海岛之间建立信息数据共享平台，加强岛屿间信息交流。

（七）海岛抗灾保护工程

海岛置身海洋之中，相较于大陆，容易遭受风、浪、流的影响，海岛抗灾保护工程建设目标是建设海岛灾害监测、预报体系，提升海岛灾害预报水平；建设海岛减灾、抗灾设施，确保海岛开发与保护工程可持续发挥重要作用；提升海岛居民防灾减灾知识认知度，减少海岛灾害人员和物资的损失。

该工程建设主要任务是：① 在海岛及其周边海域选取合适地点，建设海洋观测站，对海洋及海岛进行监测，同时，制定完善的监测预报体系。② 实施海岛防风、防潮、防浪工程，加强海岛避风港、防波堤、海堤等设施建设；完善海岛排涝设施建设，防止海岛山洪和山体滑坡等地质灾害的发生；加强海岛相关排灾减灾科学研究，同时加快相关研究成果转化；选择典型海岛建设海岛防灾综合实验区。③ 针对不同人群，不同海岛，开展多层次海岛防灾教育培训，增加海岛居民防灾抗灾知识，提升海岛管理者的防灾减灾责任意识。

（八）海岛人才教育培养工程

人才是海岛开发与保护的关键，增加相关人才教育培养，对海岛而言，意义重大。该项目标是建设海岛科教基地，形成一支具有专业水准的海岛人才队伍；提高海岛管理人员海岛管理水平；提升海岛居民海岛开发保护意识。

该项工程的主要建设任务是：① 在现有涉海高校、科研院所的基础上，组建专门海岛科研基地，促进海岛研发机构、海岛项目、海岛高素质人才等多种科技资源的集聚。② 推动重大海岛科研项目发展，例如跨海大桥、海底隧道相关技术研究项目、海岛新能源综合开发利用项目等，对取得的研究成果加以推广利用。③ 定期或不定期举办海岛管理人员培训工作，科学认识海岛开发与保护工程发展现状和发展目标等，以此提升海岛管理人员的科学管理水平，促进海岛健康平稳发展。④ 开展海岛开发保护宣传和普及工作，增加海岛居民海岛相关知识文化水平，为海岛未来发展打下良好的群众基础条件。

（九）海岛港口关联工程

港口关联工程建设目标是合理开发利用海岛港址资源、优化港口产业结构，促进海岛经济发展。

该项工程建设的主要任务是：①新建海港工程。在海岛基础调查的基础上，摸清海岛港址资源分布情况，根据经济社会发展需求，合理建设海港。②海港扩建工程。随着海岛经济社会的发展，现有港口码头的产能输出量已经不能满足人们的需求量，因此，在现有海港基础上进行码头扩建显得尤为重要。③兴建国际邮轮码头工程。国际邮轮吨位大，码头相应配套设施要求比较高，同时，国际邮轮对当地经济社会发展水平也有一定要求，停靠国际邮轮，是一个地区经济发展，尤其是旅游业发展的象征。我国海南岛以国际旅游海岛为发展目标，国际邮轮的停靠无疑会对海南旅游经济和国际知名度产生重要影响，因此，依托三亚港、海口港兴建国际邮轮码头，并提供相关优质配套服务设施，是十分必要和有益的。④海港相关工程建设——物流工程和临港工程。建设高度发达的物流工程，促进海港物流发展区域集聚；建设一体化服务工程，将进口、储存、中转、运输、加工、贸易及其他各项业务贯穿起来，拓展港口供应链模式；建设自由港、自由贸易区以及保税港区；建设海港相关产业，如船舶修理业、海产品加工业等，形成海港经济集聚区；拓展产业经营链，产品开发走高精尖路线，如生物制药、生物保健品等。

（十）海岛桥隧关联工程

桥隧关联工程发展起步较晚，但进步较大。该工程发展目标是作为海运的主要补充方式，海岛桥隧工程主要作用是完善海岛交通网络布局，提供全天候的交通便利条件，为海岛经济、社会发展做出突出贡献。

具体建设任务是：①兴建琼州海峡通道。海南地理位置十分重要，海南本岛与大陆没有桥梁或隧道相连，人员、物资流动仅靠海运和航空，琼州海峡通道建设可采用海底隧道形式。②兴建渤海海峡桥隧关联工程。北起大连，经庙岛群岛、长岛，南至蓬莱，兴建渤海海峡桥隧关联工程，工程建设采取跨海大桥和海底隧道相结合的方式，不同工段采用不同方式。③兴建台湾海峡桥隧关联工程。长久以来，建设海峡两岸跨海大桥或海底隧道的呼声一直很高，而且相关研究和论证工作也一直在进行之中。据多方面资料显示，目前颇受关注的路线是平潭至新竹的北线海峡，其兴建包含跨海大桥方式、海底隧道方式和桥、隧道及人工岛相结合方式等。④群岛区、近岸岛可以适时兴建跨海大桥或海底隧道，加强海岛与大陆之间及海岛与海岛之间人员、物资等输运。

第六章 重大科技专项

（一）南海海洋开发战略

1. 必要性

在当前复杂紧迫的国际海洋形势下，南海作为我国海疆重要的一环，在确保国家海洋权益条件下，推动海洋资源和平利用具有重大价值，同时对国家海洋权益的维护也具有重大意义和政治价值。多年来，相关国际专家，特别是南海周边国家和地区的学者就南海战略问题进行了广泛研究，并取得了显著成果。我国学者也对南海问题进行了深入的研究，但受到国内诸多因素的制约，多数南海问题研究集中在一般的领土争议、历史演变、国际海洋法律、政治与军事对策以及资源调查领域，深入的资源利用与产业开发战略研究不足，特别是缺乏结合国家海洋强国战略发展的南海战略研究，这直接影响到国家南海海洋主权和权益的维护，以及海洋战略开发政策的制定与实施。因此，整合多方力量，结合南海政治、军事与外交战略考虑，加快推进综合的南海海洋开发战略研究，对于国家南海主权维护和海洋资源和平利用决策具有重大现实意义。

2. 总体目标

全面整合国内外南海研究力量，从政治、军事、外交、经济等多方面考虑，通过跨学科的南海战略研究，形成一个符合国家海洋权益维护以及海洋资源开发需要，具有前瞻性和可操作性的南海海洋开发战略，为推进南海“和谐海洋”战略，减少各方冲突，和平解决南海问题，共同开发南海资源提供技术支持和决策支撑。

3. 重点研究领域

南海海洋开发战略研究立足于南海海洋资源的和平利用，兼顾复杂的区域地缘政治、军事、外交、管理和文化历史因素，重点研究项目包括：① 南海问题历史演变与未来发展趋势；② 南海主权争议与国际海洋法律问题；③ 南海综合管理框架、三沙市管理体制与军民协作机制；④ 南海油气资源共同开发与国家能源安全战略；⑤ 南海渔业资源共同开发与维护对策；⑥ 南海国际海洋特别保护区建设；⑦ 南海海岛旅游开发战略与实施方案；⑧ 海峡两岸南海合作开发机制。

（二）海岛能源与淡水保障

1. 必要性

稳定的淡水与能源供给是海岛可持续发展的重要基础。受到海岛特定的自然地理条件的制约，多数偏远海岛缺乏淡水资源和能源供给，很多海岛只能依靠有限的雨水、地下水，以及煤炭、汽油、柴油等一次性能源来提供海岛生产和生活保障。海岛新型能源开发，特别是海洋可再生能源的开发为海岛能源供给提供了一个新的替代来源。同样，海水淡化与综合利用技术的发展为海岛提供了一个长期稳定的淡水来源。整合海洋可再生能源利用和海水淡化综合利用技术的研发和综合供给工程的建设为海岛的能源与淡水需求提供了一体化的方案，对于解决制约多数海岛开发的淡水与能源问题具有重要价值。

2. 总体目标

通过联合技术攻关和能源、淡水一体化工程建设，重点突破中小规模的膜式海水淡化、波浪能发电、潮流发电以及海岛风电利用技术，大幅度降低单位生产成本，为中小型海岛，特别是偏远型的中小型海岛提供一个可行的水电一体化解决方案，满足海岛以旅游开发为重点的经济发展需求。

3. 重点研究领域与关键技术

从不同类型海岛稳定的水电保障出发，重点研究项目包括：① 海岛中小型海水淡化装备；② 海岛波浪能发电装备；③ 海岛潮流能发电装备；④ 海岛风电智能电网；⑤ 海岛水处理系统等。

为确保海岛稳定的水电供给体系建设，需要突破以下关键技术：① 高效海水淡化膜技术；② 海洋波浪能转换技术；③ 海洋潮流能利用技术；④ 海岛水电一体化整合利用技术；⑤ 海岛智能水电管网管理技术等。

（三）海岛生态修复与治理

1. 必要性

生态脆弱性是海岛最基本的属性特征之一，也是影响其开发与保护决策，以及海岛工程建设的主要因素。不合理的海岛工程建设不仅直接对海岛自然景观造成破坏，也削弱了海岛生态系统的生态服务价值，降低了海岛发展的可持续性。海岛生态修复与治理工程的实施一方面对已遭到破坏的海岛生态系统进行整治和修复，最大限度地恢复海岛原有的生态系统功能；另一方面，也对海岛生态系统的运作机理和演化路径进行深入的探索和把握，为后续的海岛开发与保护工程建设提供科技支撑。

2. 总体目标

深入研究海岛生态系统机理，包括海岛陆域、水系、海岸带、近海海域生态健康，把握不同类型海岛开发与建设工程对海岛生态环境的影响，开发适合不同海岛特征的工程治理与生态修复技术，为海岛生态系统的维护提供工程技术保障。

3. 重点研究领域与关键技术

海岛生态修复与治理工程研究范围覆盖海岛陆域、海岸带及近海三方面，重点研究领域包括：①海岛植被恢复；②海岛土地与自然景观整治；③海岛岸线整治；④海岛滩涂与湿地修复；⑤海岛近海生物多样性资源恢复；⑥海岛保护区选划与建设运营等。

从上述研究领域出发，海岛生态修复与治理工程关键技术应包括：①海岛植被再生与维护技术；②海岛地质景观工程修复技术；③海岛滩涂再生与维护技术；④海岛人工湿地修复技术；⑤人工岸线治理技术；⑥人工鱼礁及海洋牧场建设技术；⑦海岛污水与垃圾处理技术等。

第七章　政策建议

（一）完善海岛开发保护相关法规与规划

（1）推进《中华人民共和国海岛保护法》实施细则的制定，提升相关配套制度的法律地位。完善地方海岛开发与保护管理规制的制定，构建一个完善的海岛开发与保护法律体系。

（2）以《中华人民共和国海岛保护法》和《全国海岛保护规划》为依据，推进省级海岛保护规划的制定，逐步建立起完善的海岛保护和开发战略规划体系；研究制定覆盖国家、省（自治区、直辖市）、市、县的四级海岛功能区划，按照海岛的区位、自然资源和自然环境等自然属性，确定海岛利用主导功能，保护海岛及其周围海域生态环境，促进海岛经济和社会的发展，维护国家权益。

（3）建立海岛保护规划动态调整机制，适时把握外部环境变化信息，及时开展规划实施效果评估，根据新的形势和环境，对规划进行适度调整和完善，保证其有效发挥作用。

（二）实施海岛综合管理，提高海岛管理水平

（1）本着预防性和适应性管理原则，建立符合海岛生态系统功能的海岛综合管理体制，顺应海岛生态系统健康维护需要，将海岛、海岸带和海域管理整合在一起，以海岛生境和生物多样性维护为导向，以海洋生态系统健康和海岛社会经济可持续发展为目标，构建多目标一体化的动态管理体制。

（2）建立综合性、权威性、高效性海岛综合管理机构体系，强化国家海洋主管部门在海岛管理中的主导作用，完善县级以上政府海岛管理机构和职能，建立自上而下的一体化、专门化、高效率海岛管理组织机构体系，加强对海岛开发与保护工程的统一组织、调控和管理，引导形成良好的海岛开发、保护及管理秩序。

（3）推动执行机制建设，加强对涉海部门执法人员的业务培训，提高执法人员的执法能力，建立目标责任制，加大奖励、监督、惩处力度；加强宣传、强化意识、鼓励公众参与，提高全社会的政策法规意识，打造知法、懂法、守法的良好氛围，推动海岛管理、开发利用、保护进入依法管控的轨道，确保我国海岛的资源、环境和生态在完善的政策法规体系下得到有效保护和永续开发利用，带动我国海岛经济社会的可持续发展。

（三）拓展资金来源，加大海岛开发保护投入

（1）不断加大海岛开发保护政府财政投入。加强保障制度建设，完善投入增长机制，不断提高政府投入海岛保护与建设资金的增速和规模，政府投入主要用于海岛基础设施建设、海岛人才队伍培养、海岛产业升级等关系海岛开发保护长远发展的工程项目。

（2）增加海岛基础设施工程和关联工程的投资。海岛基础工程和关联工程是海岛开发与保护的前提条件，是我国海岛和海洋主权建设、权益维护的必要保障。现在我国海岛基础工程和关联工程的现状与我国海洋发展战略不相称，不能保障我国海洋事业的发展和中华民族的伟大复兴。因此，必须动员和调动国家、地方和企业的多种力量，迅速增加我国海岛的基础设施工程和关联工程的投资建设，特别是具有战略意义的关联工程建设，如大陆—琼州海峡—海南岛—西沙—中沙—南沙战略关联通道、渤海海峡通道工程等，建立海岛与大陆的有机联系。

（3）拓展海岛开发保护资金来源。对外开放是获取海岛开发保护建设资金的重要途径，要逐步扩大海岛对外开放步伐，制定切实可行的配套政策，促进对国内、国外两个市场的开拓利用，推动国内外市场资金和社会资金向海岛流动，借助外部投入满足海岛开发保护对资金的需求；支持海岛地区符合条件的企业通过国内主板、中小板、创业板市场和境外资本市场上市融资，支持开发建设主体通过资本市场募集建设资金，引导各类投资基金支持海岛重大产业项目建设。

（四）促进人才队伍建设，提升科技创新能力

（1）在稳定发展自有人才的基础上，按照“不求所有，但求所用”的原则，制定优惠的配套政策，优化机制，积极吸纳岛外人才资源参与海岛的开发与建设，促进岛外与岛内两个方面人才资源的有机融合，实现优势

互补和共同开发利用。

（2）进一步加大投入，大力强化人才环境建设，大幅度提高工资福利待遇水平，拓展人才进步空间，努力打造良好的工作和生活环境，为吸引、留住和更好地利用人才创造优越的条件。针对海岛资源开发、海岛产业发展及海岛生态环境保护发展的需求，优化人才培养、引进和使用机制，引导建立一支高水平和专业化的人才队伍。

（3）促进创新平台建设。建立一批特色化、高水平科技创新平台，使之成为汇聚人才、资金、技术及推动科技持续创新发展的重要载体；加强海岛和海洋可再生能源技术、海水淡化与综合利用技术、海岛和海洋重大自然灾害监测预警技术、海岛生态保护与修复技术等的研发，建立海岛开发保护科技支撑体系，不断提升科技自主创新能力。

（4）依托海岛，建设一批海洋科技孵化器、海洋科技中试基地、海洋高新技术产业园，强化科技成果转化能力。引导海岛地区企业主动与涉海科研机构对接，鼓励产、学、研联合，促进科技攻关和成果转化，带动海岛产业高端化发展。

（五）加强海岛生态环境保护

（1）对海岛资源实施合理开发利用和保护，严禁炸岛、采挖砂石、建设大型实体连岛坝等严重损害海岛及周围海域生态环境和自然景观的活动；建设海岛生态自然保护区，推动以太平岛为中心的南沙群岛国际海洋特别保护区和西沙群岛国家海洋公园的建设，完善海岛保护区网络，加强海岛保护区的建设与管理。

（2）加大海岛生态环境监测，建立海岛定期巡航制度，对我国海岛生态环境实行全覆盖、高精度的监视监测；完善海岛保护与利用管理信息系统，对海岛基本情况和保护、利用状况进行调查、监视、监测和统计，发布基础信息。

（3）建立海洋自然保护区海岛宣传教育基地，加强对海洋自然保护区内海岛的科学研究；继续实施海岛生态综合治理，建立一批生态示范区，带动海岛生态环境治理与保护的全面发展，将我国海岛建设成为生态环境优美的海上明珠。

（六）发展具有特色和优势的海岛产业体系

（1）发展高效生态休闲渔业。利用人工鱼礁建设海洋牧场，发展增殖渔业，发展集约化程度高、科技含量高、适合规模化经营等特点的深水网箱、工厂化等养殖模式；大力发展包含运动、娱乐、餐饮、观光等形式的休闲渔业；大力发展高附加值的海洋水产加工业，提高加工水平与产品档次，提高水产品的竞争力。

（2）对不同海岛的旅游资源进行调查摸底，制定基于生态系统的海岛旅游发展规划，创新投入机制，促进海岛旅游资源的深度开发，提升海岛旅游品质，扩展旅游业在海岛经济社会发展中的重要地位和作用。

（3）在适宜的海岛发展海洋新兴产业，如海水淡化与综合利用业、海洋可再生能源业、港口物流及仓储业等，建立起与海岛的自然和社会经济条件及发展需求相适应的产业体系，推动海岛经济社会可持续发展。

（七）提高特殊海岛开发保护水平

（1）加强对领海基点海岛的保护和管理。除已确定的领海基点海岛，一些海岛也具有成为领海基点海岛的潜在价值，对这些海岛也应加强保护和管理，开展科学研究和勘测方面的准备工作。

（2）散落于辽阔海域中的一些海岛，在国防和军事上具有重要意义，应根据国家国防安全的现实需要，加强对这些海岛的保护与建设。通过合理的科学规划、布局及实施建设，形成多层次的国防岛链，建立防可守、攻可进的钢铁海防。

（3）要特别重视开发利用在保护特殊用途海岛方面的作用，通过适度发展旅游业、科普教育及其他产业，来增强对领海基点海岛、国防用途海岛的管理和保护。

（4）积极完善三沙市的行政建制，构建军民一体的管理体制，采取鼓励政策，积极移民，促使渔民、旅游创业者、科研人员积极上岛，推进县、乡、村建制的设立。

（5）推进南海岛礁人工岛建设，加强对岛礁的控制。多快好省地建设一批大型海上平台、浮岛，安装太阳能、风力发电、海水淡化设备，生活、娱乐设施，建设码头和机场等，供军民居住。逐步形成渔船、海上执法的护航编队油、水、物资补给基地；油气开采后勤保障服务基地；海洋防灾减灾、环境观测预报、科研基地。

（八）合理布局海岛开发保护工程项目建设

（1）编制海岛工程项目建设规划，合理布局海岛开发保护工程，把握海岛的自身独立性和外在的关联性，国家统一规划、建设大型工程；重视海岛特殊资源保护与利用之间的关系；根据海岛环境容量，合理确定发展规模。

（2）突出政府在海岛开发与保护中的主导作用，加快推进海岛基础保障设施建设。以中央财政为主，地方资金为辅，实施重点有居民海岛开发保障工程，包括陆岛连接工程、海岛生活保障工程、环保设施建设工程，为海岛经济发展和居民生活水平提升提供保障。

（3）建设重点海岛示范工程，选择不同类型的典型海岛进行海岛开发与保护试点工程，特别是针对不同人口规模和经济发展水平的海岛县或乡镇，由国家海洋主管部门牵头进行海岛开发与保护示范工程建设，为其他海岛开发与保护工程提供借鉴。

第八章 典型海岛开发与保护工程建设

一、舟山群岛开发与保护工程

（一）舟山群岛概况

1. 自然地理属性

舟山群岛地处我国东南沿海，长江口南侧，杭州湾外缘的东海洋面上，属浙江省舟山市管辖。地理位置介于东经121°30′—123°25′，北纬29°32′—31°04′之间，东濒太平洋，南接象山县海界，西临杭州湾，北与上海市海界相接。从行政区域来讲，舟山群岛背靠上海、杭州、宁波等大中城市和长江三角洲等辽阔腹地，面向太平洋，具有较强的地缘优势，踞我国南北沿海航线与长江水道交汇枢纽，是长江流域和长江三角洲对外开放的海上门户和通道，与亚太新兴港口城市呈扇形辐射之势。

舟山群岛境域东西长182千米，南北宽169千米，总面积2.22万平方千米，其中海域面积2.08万平方千米，陆域面积1 440平方千米，共有面积500平方米以上的海岛1 390个，其中有居民海岛98个。2009年浙江省开展的海洋资源综合调查专项调查舟山市共有海岛1 763个。整个群岛呈西南—东北走向排列，地势由西南向东北倾斜，南部岛屿大，海拔高，排列密集；北部岛屿小，地势低，分布稀疏。群岛范围内的海岛分布相对比较集中，东西呈列状、南北呈链状排列，分别组成了嵊泗列岛、马鞍列岛、崎岖列岛、川湖列岛、中街山列岛、浪岗山列岛、七姊八妹列岛、火山列岛和梅散列岛（图2－3－1）。

据浙江省海洋资源综合调查专项（截止至2009年底）统计，舟山海岛陆域总面积约为1 298.649平方千米（不包括潮间带滩涂面积），主要分布在有居民海岛上，其中有居民海岛总面积为1 266.829平方千米，无居民海岛总面积为31.873平方千米；海岛岸线总长2 369.727千米，其中有居民

图 2－3－1　舟山群岛地理位置

海岛岸线为 1 718. 166 千米，无居民海岛岸线为 665. 865 千米。舟山群岛的深水岸线资源丰富，占全省的 55. 2%。根据舟山市官方公布，舟山市港域内适宜开放建港的深水岸线 54 处，总长 282 千米，其中水深大于 15 米的岸线长 198. 3 千米，水深大于 20 米的岸线 107. 9 千米，战略性资源深水岸线占全国的近五分之一。

舟山群岛的主岛是舟山岛，为浙江省第一大岛，全国第四大岛，面积 502 平方千米，此外面积较大的海岛有岱山岛、六横岛、金塘岛、朱家尖岛、衢山岛、桃花岛、大长涂山岛、秀山岛、泗礁山岛、虾峙岛、登步岛、册子岛、普陀山岛、长白岛、小长涂山岛等。岛上丘陵起伏，高丘占 9%，低丘占 61%，平原占 30%，形成不同土壤类型及农作物利用格局。

2. 社会经济发展

舟山的社会经济发展速度较快，社会发展水平不断提高。根据《舟山市国民经济和社会发展第十二个五年规划纲要》，2010 年全市 GDP 达到 633. 45 亿元，“十一五”期间年均增长 14. 3%，增速位居全省首位。全市人均 GDP 达到 5.92 万元（按照常住人口计算），折算成美元超过 8 000 美元。根据《舟山市 2012 年国民经济和社会发展统计公报》，“初步核算，全年全市地区生产总值 851.95 亿元，按可比价计算，比上年增长 10.2%。其中，第一产业增加值 83.05 亿元，第二产业增加值 385.42 亿元，第三产业增加值 383.48 亿元。”海岛产业结构不断得到调整，2012 年舟山市三次产业结构比例从 2006 年的 12.3∶41.6∶46.1 调整为 9.9∶45.1∶45.0。人民生活水平得到有效改善，人均收入水平得到提高，按常住人口计算，人均地区生产总值 74 831 元。

借助丰富的海域、海岛、海岸线等自然资源，舟山市的海洋经济规模不断壮大，已成为全国海洋经济比重最高的城市，且占全市经济的比重逐年上升。2012 年海洋经济总产出 1 959 亿元，按可比价计算，比上年增长 13.1%，5 年年均增长超过 15%；海洋经济增加值 585 亿元，比上年增长 12.0%。海洋经济增加值占全市 GDP 的比重为 68.7%，比上年提高 0.1 个百分点。

随着舟山港口和临港工业的发展，海洋产业主要集中在船舶、航运、旅游、石化、渔业等方面。2012 年，舟山市的船舶规模以上工业总产值达 616.84 亿元，全市造船能力超过 800 万载重吨，成为全省最大、全国重要的修造船基地。全市港口货物吞吐量达到 2.91 亿吨，集装箱运输开始起步。旅游接待人数达到 2 771 万人次，旅游总收入达到 266.8 亿元。石化工业取得突破，水产加工业精深加工比例提高，现代渔农业稳步推进，远洋渔业迅速发展。

3. 发展战略

1）《长江三角洲地区区域规划》

2010 年 5 月，国务院批准实施的《长江三角洲地区区域规划》（以下简称《区域规划》），规划期为 2009—2015 年，展望到 2020 年。

《区域规划》将舟山作为核心区的 16 个城市之一，其城市功能定位为“发挥海洋和港口资源优势，建设以临港工业、港口物流、海洋渔业等为重点的海洋产业发展基地，与上海、宁波等城市相关功能配套的沿海港口城市”。在装备制造业规划中，以上海、南通、舟山等为重点，建设大型修造船及海洋工程装备基地；在新兴产业规划中，加快以上海临港新城、盐城、宁波、舟山等为重点的海洋生物产业发展，在南通、盐城、舟山、台州、温州等沿海地区以及杭州湾地区，大力发展风能发电；在传统产业规划中，积极开发以连云港—盐城—南通—上海—嘉兴—宁波—舟山—台州—温州为主的滨海海韵渔情旅游带。对港口枢纽与配套港口群建设，《区域规划》提出“推进宁波—舟山港一体化进程，发展集装箱运输和大宗散货中转运输，建设宁波—舟山港大吨位、专业化铁矿石码头和原油码头。”《区域规划》中还重点提出“建设浙江舟山海洋综合开发试验区”，并作为长三角地区的重大改革试验之一。

2）《浙江海洋经济发展示范区规划》

2011 年 2 月，国务院正式批复《浙江海洋经济发展示范区规划》（以下简称《示范区规划》），规划期限为 2011—2015 年，展望到 2020 年。

《示范区规划》中明确提出“建设舟山海洋综合开发试验区”，加快舟山群岛开发开放，全力打造国际物流岛，探索设立舟山群岛新区，将舟山建设成为大宗商品国际物流基地、现代海洋产业基地、海洋科教基地和群岛型花园城市。另外，《示范区规划》还将舟山作为重点建设九大产业集聚区之一，建设导向为“突出海洋经济特色，重点发展港口物流、海洋科技、滨海旅游、临港工业和现代渔业。”

3）《舟山市国民经济和社会发展第十二个五年规划纲要》

2011 年 3 月，十一届全国人大四次会议审议通过的《国民经济和社会发展第十二个五年规划纲要 》中，明确提出了重点推进浙江舟山群岛新区发展。

同时，舟山市人民政府公布了《舟山市国民经济和社会发展第十二个五年规划纲要》（以下简称《舟山市“十二五”规划》），规划期为 2011—2015 年。《舟山市“十二五”规划》提出优化群岛空间布局，构筑“一体、两翼、三圈、诸岛”的空间格局。“优化一体”是指优化发展由跨海大桥连接的舟山本岛、金塘、册子、朱家尖等岛，组成的发展主体；“拓展两翼”是指以岱山、嵊泗两县诸岛为北翼，重点开发岱山本岛、长涂、衢山、洋山、泗礁等岛屿。以舟山本岛南部诸岛为南翼，重点开发六横、虾峙、蚂蚁、桃花、登步等岛屿；“打造三圈”是指打造以中国（舟山）海洋科学城为中心的核心圈，以定海、普陀城区及周边乡镇街道为主的本岛圈，和舟山本岛南北两翼的六横、桃花、虾峙、长白、秀山、岱山、衢山、长涂、泗礁、洋山、黄龙、嵊山、枸杞、花鸟等诸多岛屿组成的外岛圈；“开发诸岛”是指按照逐岛功能定位、分期分类开发、科学保护利用的原则，打造一批综合开发、港口物流、临港工业、海洋旅游、现代渔业、清洁能源、海洋科教、原生态等特色功能岛。《舟山市“十二五”规划》中重点提出“建设大宗商品国际物流基地”、“建设现代海洋产业基地”、“建设国家级海洋科教基地”、“建设群岛型花园城市”。

4）《舟山海洋综合开发试验区总体规划》

自2010年起，舟山市人民政府开始组织编制《舟山海洋综合开发试验区总体规划》，提出“一个主体、突出中心、拓展两翼”的空间布局和重点开发建设的十大海岛，在《示范区规划》的基础上，进一步提出“突出核心功能，建设国际物流岛”、“建设现代海洋产业基地”、“建设全国领先的海洋科教基地”、“建设群岛型花园城市”的详细规划和具体措施。

5）《浙江舟山群岛新区空间发展战略规划》

2011年6月30日，国务院正式批复同意设立浙江舟山群岛新区，使其成为我国继上海浦东、天津滨海和重庆两江后的又一个国家级新区，也是首个以海洋经济为主题的国家级新区。为落实国家海洋经济战略，促进新区跨越发展，舟山市人民政府组织编制了《浙江舟山群岛新区空间发展战略规划》（以下简称《新区战略规划》）（图2－3－2）。《新区战略规划》主要内容包括如下几方面：明确舟山群岛新区“四岛一城”的空间发展战略目标；构建舟山群岛新区“一体两翼三岛群”的空间结构；统筹布局舟山群岛新区产业功能集聚区和旅游功能区；构建舟山群岛新区“一主三副多重点”的城镇体系；形成海上花园城“一城三带多组团”的空间布局。

（二）舟山群岛开发保护存在的制约因素与问题

1. 海洋产业结构仍在调整阶段，三次产业比重不高

随着海洋经济总量不断扩大，海洋经济三次产业结构不断地变化调整，主要的特点是第二产业的比重逐渐走高，第一、三产业比重有所下降。2005年舟山市第一、二及三次产业增加值比例为20.2∶42.5∶37.3，随着临港工业的快速发展，到2012年三次产业结构占比调整为9.8∶45.2∶45.0。产业结构仍有优化提升空间。

虽然舟山市以临港工业为代表的海洋经济二次产业比重不断提高，但海洋经济三次产业发展水平不高，主要制约因素有两个方面：① 海洋经济总量仍处在壮大阶段，从20世纪90年代末期起，舟山市以重点发展临港工

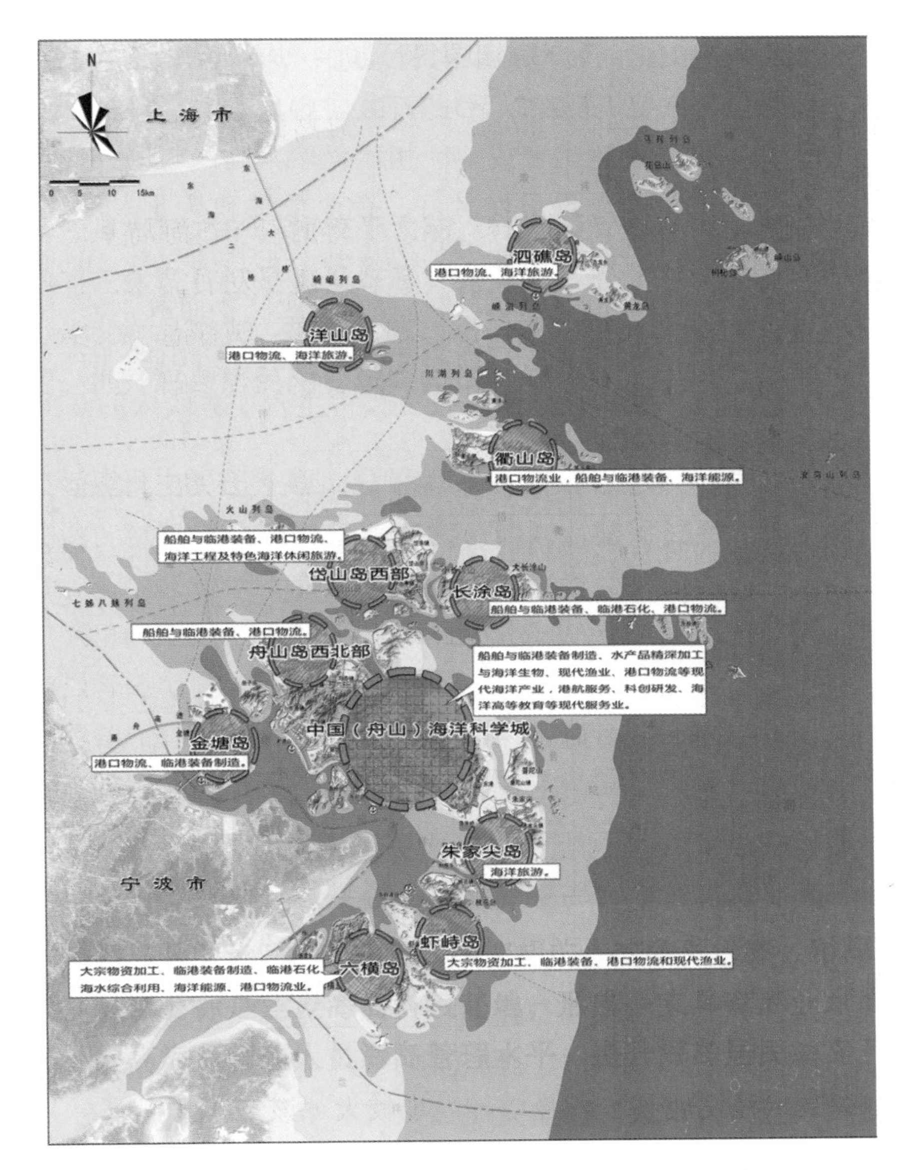

图2－3－2　舟山市重点开发建设的十大海岛规划

业为导向，船舶工业、石化工业通过大量的投入，产能逐渐释放出来，海洋经济第二产业快速上升；② 以港口物流业、海洋旅游业为主的涉海第三产业的投入期限较长，产出放大需要一定的时间。

2. 原有优势产业逐步进入稳定期，面临较大升级压力

近年来舟山海洋经济实现了快速发展，也确立了若干海洋特色产业的基础优势，但是从保持优势产业可持续发展的角度看，目前舟山的部分海

洋特色产业面临较为突出的转型升级问题，进一步转型升级任务仍然较重。以船舶修造业为例，主要表现在以下几方面。

（1）产业集中度与发达国家或地区相比仍然不高。与国外典型船舶产业集群相比，舟山的港口条件虽然较好，企业数量和从业人员数也较多，但是完工量占本国和世界的份额低于其他集群，尤其是与韩、日相比存在明显差距。同时，舟山船舶产业集群依然存在企业“小而散”的突出问题。

（2）船舶工业研发和创新能力仍然薄弱。目前，舟山船舶产业依然存在“重生产、轻研发”的现象。研发投入仅占主营业务收入的0.1%左右，远远低于日韩等其他国家的平均水平。

（3）企业先进制造水平仍然不高。舟山骨干造船企业在建立以中间产品组织生产为特征的现代造船模式上已初现成效，但仍然还有为数不少的造船企业仍处于分段制造向分道制造模式过渡阶段，存在“设备先进，但生产技术落后；生产线先进，但产品技术含量低”的现象。

（4）产业融资能力仍然不强。虽然近几年来舟山船舶工业的规模不断扩大，企业实力不断增强，但是从整体上看，舟山船舶工业的融资能力仍然不强。一方面是船企融资渠道仍然比较单一，从目前的情况看，绝大多数舟山船舶修造企业在扩大生产规模或资产规模时，首先选择银行贷款，还没有一家企业通过资本市场直接融资；另一方面是中小修造船企业融资问题依然比较突出，从调查的情况看，由于中小船企管理不规范、信息不透明、资信等级低、抵押担保难等原因，导致这些企业的融资难问题仍然比较突出。

3. 港口集疏运体系不完善，港口的现代物流功能不足

港口物流业是舟山未来重点发展的战略性支柱产业，因此，港口物流业的发展对舟山海洋经济转型升级起着至关重要的作用。虽然目前舟山已经初步形成了海、陆、空、管四位一体的立体化集输运网络，但是与鹿特丹、香港、新加坡等港口物流业发达的港口城市相比，当前舟山港口的集疏运体系建设还存在着很大的差距。即使与上海、宁波等周边港口相比，也存在着较大的差距。主要表现在尽管舟山跨海大桥已建成通车，集疏运条件得到较大改善，但仍然缺乏完备的联结各港口的疏港公路网；缺少直接通往腹地的铁路大通道；仓库、堆场等集疏设施建设薄弱。多通路、多方向与多种类的集疏运方式尚未形成，主要以水路运输为主，快速高效的

“无缝隙”集疏运管理体系还没有建立。

同时，由于基础设施建设薄弱、信息化管理刚起步、港口的规模化、专业化和集约化水平低等原因，舟山港总体上仍处于第一代港口功能水平，即“装卸＋运输＋仓储”，仅有部分港区拥有加工、配送、贸易等增值物流功能。而适应港口物流发展需要的信息平台建设速度仍较缓慢，由公共信息平台、物流枢纽信息系统、物流企业信息系统等共同构筑的港口物流信息服务体系的建设尚不健全。这与具有运输组织、装卸储运、中转换装、现代物流、信息服务及保税、加工、配送等多功能、现代化的综合性港口相比，仍存在很大的差距。

4. 海洋生态环境问题依然较为突出

（1）海洋环境的污染问题有待进一步重视。随着长三角沿海城市海洋经济的快速发展，海洋环境污染问题随之而来，工业和生活污染、船舶油污染、海水养殖自身带来的污染、海上石油开采以及其他污染等，对海洋环境造成的压力越来越大，再加上气候变化、地震等自然灾害以及溢油等突发事件对海域所造成的影响，舟山海域污染问题不容乐观。海洋环境的污染破坏了海洋生物栖息与繁衍的生态环境，一些珍稀水产品已濒临绝迹，污染问题已成为舟山海洋经济可持续发展所面临的主要问题，而当前海洋环境保护意识还比较薄弱，环保设施的建设又相对滞后。这些都是如何保护海洋环境所必须正视和解决的问题。

（2）海洋资源开采有待进一步加大整顿力度。以采砂为例，据调查，舟山海域可供开采的海砂储量越来越少，目前舟山海域作业的海砂船采砂量比初期增长了10倍多，其中也不乏非法采砂者，严重破坏了海洋生态环境，并严重影响了舟山海域航道、锚地等安全。虽然舟山、宁波两地政府对海砂开采业进行了大规模整顿、整合，实行配额开采，并加大对非法采砂船的打击力度，但非法采砂现象仍时有发生，并在一定程度上造成了航道阻塞情况。

5. 海洋人才缺乏将成为海洋经济快速发展的制约因素之一

舟山市海洋人才通过近年来的引进、培养多措并举，有了较大的改观，但仍有较大缺口，海洋人才队伍不论是规模还是质量与国内外先进地区相比仍存在较大的差距。主要表现在：① 整体水平还不够高，与舟山市快速发展的海洋经济和打造舟山群岛新区对海洋人才的需求还存在较大差距；

② 人才结构不够合理，普通和一般性人员多，海洋新兴产业、高新技术产业方面的研发型、创业型人才匮乏；③ 直接服务、扎根于基层的高层次人才短缺，高层次海洋人才数量偏少；④ 人才地区分布不平衡，人才开发使用机制还不够灵活，在优秀人才的引进上政策还不够宽，在人才使用上缺乏竞争机制等。

（三）舟山群岛开发与保护工程建设

1. 港口物流工程

港口物流工程主体导向为大物流、一体化、国际化。主要发展路径：① 建设“大物流”工程。在金塘、六横、衢山、洋山、舟山本岛建设大型港口物流园区，促进物流发展区域集聚；② 建设“一体化”服务工程。港口建设与物流园区联动发展，将进口、储存、中转、运输、加工、贸易及其他各项业务贯穿起来，拓展港口供应链模式；③ 建设面向国际的枢纽大港。充分借助浙江舟山群岛新区先行先试的政策，积极建设自由港、自由贸易区及保税港区。

2. 临港工业工程

临港工业工程主体导向为高集群、多元化、环保型。主要发展路径：① 建设高度集群的临港工业工程，依托舟山港口特色，将港口运输与地区经济有机地结合起来，重点建设船舶修造业、水产品加工业、重化工业等临港工业基地，形成明显的产业集聚优势；② 注重产业的多元化发展，不仅要发展传统型临港工业，更要促进临港工业与区域内部制造业之间的关联互动，延长产业链，如促进传统水产加工业向精深加工、生物制品、生物制药、生物保健品等方向发展；③ 优先引进环保型项目，综合规划临港工业区的环境建设，优先发展低污染的项目，减少大排放的临港工业项目，注重发展临港工业循环经济，做到环境保护与废物综合利用相结合。

3. 滨海旅游工程

滨海旅游工程主体导向为集合性、高端化。主要发展路径：① 整合重组区域资源。链接相邻的旅游产品，形成一种多资源、多品种、高密度、大空间的复合型产品集合，具有高度辐射带动作用；② 发展高端旅游产品。在优化和升级传统观光型产品组合的基础上，开发建设邮轮游、度假游、户外特种运动游等。

4. 现代渔业工程

现代渔业工程主体导向为农牧化、现代化、休闲型。主要发展路径：① 建立海洋牧场。在舟山群岛附近的部分海域，设立海洋渔业资源增殖区。通过投放人工鱼礁、人工放流苗种等方式，保护和增殖水产资源，建设和改良沿海渔场。② 开发现代化养殖模式。除发展传统的池塘养殖、滩涂养殖、底播养殖等模式外，开发筏式养殖、网箱养殖、工厂化养殖以及循环水养殖、深水网箱养殖等新型养殖模式。③ 建立休闲渔业景区，延长产业链。以渔业综合开发为内容，建立起不同层次、不同规模、不同类型，具有观光、垂钓、美食、体验、度假、教育等多种功能的休闲渔业景区，使休闲渔业与旅游业、养殖业、服务业、捕捞业结合起来，促进各个产业共同发展。

5. 清洁能源工程

清洁能源工程主体导向为低成本、普及性、前瞻性。主要发展路径：① 开发低成本技术。引进和开发先进科学技术，采用节能、环保、智能化等关键技术，提高能源利用的技术水平。② 普及清洁能源开发成果。大规模开发生物质能、太阳能和风能资源，多途径推广和应用开发成果。③ 建设海洋能实验基地。提升和转化潮流能研究成果，进一步研究波浪能、盐差能、温差能等海洋能源的开发，为新能源的开发做好准备。

6. 海洋科教工程

海洋科教工程主体导向为多资源型、服务型、产业型。主要发展路径：① 构建多种资源齐头并进的海洋科教基地，建设高新技术产业发展的引领区，促进海洋研发机构、海洋项目、海洋高素质人才等多种科技资源集聚；② 重点推进应用功能强大的科研项目，建设海洋高新技术服务平台，研发实用性的海洋类科研成果，并加以推广应用，以促进海洋产业发展和改善海岛生活环境；③ 逐步将海洋科教工程融入海岛产业链，通过高新技术研发和应用，与海岛产业发展相结合，不断拓宽和加深海岛产业链。

7. 海洋生态工程

海洋生态工程主体导向为强制性、防护型、示范性。主要发展路径：① 推进海洋特别保护区建设，对海洋特别保护区内的生态环境进行强制性保护，对已受破坏的生态环境开展修复工作；② 建设特殊生态功能区，维护特殊生态功能区内的海洋生态动态平衡，通过构建防护林、防波堤等人工设施，减轻海洋自然灾害造成的危害；③ 建立生态环境示范区，在海洋生态环境良好地区建立示范区，开展旅游生态环境保护、沿海生态防护林体系、海洋生物多样性保护等工程建设，起到海洋生态保护示范效应。

（四）对策建议

舟山群岛新区未来的发展目标已经明确：①建成我国大宗商品储运中转加工交易中心；②建成东部地区重要的海上开放门户；③建成我国海洋海岛科学保护开发示范区；④建成我国重要的现代海洋产业基地；⑤建成我国陆海统筹发展先行区。为此，对舟山新区海岛开发与保护提出了更高更新的要求。

1. 提升海洋经济发展宏观管理水平

制定科学的各类海洋经济发展规划，出台高效的海洋经济宏观管理发展与调控政策，形成健全的海洋经济综合管理体制，进一步转变政府职能，理顺管理权限，加强海洋统筹管理，建立统一的海洋统筹协调机构，解决海洋产业多头管理的问题。建立完善的海洋产业市场秩序，促进有效竞争，形成资源的有效分配。建立海洋资源开发管理协调机制，协调和解决海洋开发过程中存在的国家与地方、相邻省（自治区、直辖市）、全局与局部、资源开发效益与生态保护以及长远效益与眼前利益等多方面的利益冲突。

2. 推动涉海产业转型升级，转变海洋经济增长方式

综合考虑海洋生态系统、沿海地区社会系统和经济系统的内在联系和协调发展，构建低消耗、高收益的合理的产业结构，获得更高的结构效益，大幅度提高海洋资源开发利用的广度和深度，逐步由粗放型开发向集约型、效益型开发利用转变，全面提高海洋经济整体效益和海洋产业的国际竞争力。

（1）要充分发挥舟山市的港口岸线资源，发展现代化综合性港口。逐渐改变“装卸 + 运输 + 仓储”简单的港口经营模式，发展成为具有运输组织、装卸储运、中转换装、现代物流、信息服务及保税、加工、配送等多功能的现代化综合性港口。

（2）推动舟山传统涉海产业的转型升级，不断拓展其产业链。进一步推动船舶行业向海洋工程方向发展，逐步提高行业设计与研发整体水平，实现产业集聚发展。水产行业要进一步加大精深加工力度，突破渔业产能限制，加大对市外原料的利用。

（3）加大新兴产业的引进和培育。充分利用海洋资源和佛教文化资源实现文化产业的大发展；加大海洋生物业研究开发力度，做大产业规模；加快风能、潮汐能等新能源的开发与利用等。

3. 加强产业发展与资源环境的保护意识

海洋资源是海洋产业发展的物质基础，海洋产业的发展要着眼于资源环境的可持续发展。海洋企业要推行清洁生产，节约和综合利用资源，开发利用新能源和可再生能源，改造生产技术和工艺，转变海洋经济增长方式，降低单位产值资源和能源消耗，防治工业污染，防治油库油罐泄露。同时，由政府在政策法律规划与宣传教育上加以引导，使社会公众增强对海洋资源环境保护的意识，实现海洋经济可持续发展。

4. 加快舟山金融产业发展，提升服务海洋经济发展能力

现代海洋经济是资金密集型经济模式，金融业的发展程度直接关系到海洋经济的发展层次与水平。在推进金融产业发展的过程中，要坚持传统与创新并举，既要发展传统的银行、保险及证券行业，也要积极引入和发展各类产业投资基金等。进一步丰富融资渠道，降低对传统银行信贷资金依赖程度，为海洋经济发展多渠道募集可用资金。

5. 建立与海洋产业发展相适应的人才队伍

（1）制定宏观的海洋人才发展战略目标，统筹制定科学的人才发展规划，保证人才效益的提升及结构的优化。

（2）加大海洋产业发展急需人才的引进力度，特别是舟山市支柱产业的一些高精尖人才。

（3）要利用好海洋学院和海运学院这两个海洋专业人才培养平台，并积极与市外的高水平院校合作，加快海洋产业发展基础人才的培养，争取在较短的时间内建立起一支高水平的人才队伍。

（4）继续引入海洋经济发展的综合管理人才，提升舟山市海洋经济发展的综合管理水平。通过人才的引进与培养，为舟山市海洋产业及海洋经济发展打造一支结构合理、水平较高的人才队伍。

二、南海海岛开发与保护工程

（略）

主要参考文献

国家海洋局海洋发展战略研究所课题组 . 2011. 中国海洋发展报告 2011[M]. 北京:海洋出版社.

胡宾 . 2011. 中国海岛县旅游竞争力对比研究[J]. 经济研究导刊,(7):178.

林河山,廖连招 . 2010. 从海岛的战略地位谈海岛生态环境保护的必要性[J]. 海洋开发与管理,(1):5－6.

孙琛,黄仁聪 . 2008. 海岛渔业发展与新渔村建设[J]. 渔业经济研究,(1):20－21.

王树欣,张耀光 . 2008. 国外海岛旅游开发经验对我国的启示[J]. 海洋开发与管理,(11):104.

伍善庆 . 2000. 浅议漩门港围海工程对乐清湾海洋资源与环境的影响[J]. 海洋信息,12(3):17－19.

杨洁,李悦铮 . 2009. 国外海岛旅游开发经验对我国海岛旅游开发的启示[J]. 海洋开发与管理,26(1):38－45.

中国海岛数量锐减正面临危机:http://www.3gyy.net.cn/2010－11－02/1501384.html.

朱晓燕,薛锋刚 . 2005. 国外海岛自然保护区立法模式比较研究[J]. 海洋开发与管理,(2):36.

Kakazu Hiroshi. 2011. Challenges and opportunities for Japan's remote islands[J]. Eurasia Border Review, 2(1): 1－16.

主要执笔人

李廷栋　中国地质科学院 中国科学院院士
刘洪滨　中国海洋大学 教授
郭佩芳　中国海洋大学 教授
谢　健　国家海洋局南海海洋工程勘察与环境研究院 教授级高工
王小波　国家海洋局第二海洋研究所 研究员
刘　康　山东社会科学院海洋经济研究所 副研究员
倪国江　中国海洋大学 讲师
赵明利　国家海洋局南海海洋工程勘察与环境研究院 工程师
孙　丽　国家海洋局第二海洋研究所 工程师

专业领域四：沿海重大工程防灾减灾发展战略研究

第一章　我国沿海重大工程防灾减灾的战略需求

我国是世界上遭受海洋灾害最严重的国家之一，20 世纪 90 年代以来，风暴潮、台风、海冰等海洋灾害所造成的损失每年达数百亿元人民币，未来各类海洋灾害发生的频率有不断增加的趋势。据 2012 年 IPCC 报告表明，至 2030 年到 21 世纪中叶，由于全球变暖、平均海平面上升，以及极端气候事件频发，沿海极端高水位事件受人类活动的影响加剧，形势比以往更加严峻。

随着海洋经济的发展，沿海核电站、大型油气储运设施、跨海大桥等各类重大海陆关联工程数量和规模持续扩大。相应地，工程的事故风险隐患逐渐增加，几十年后逐渐增多的海上退役工程设施如果得不到及时处理，可能会造成严重的环境灾害。2011 年的渤海湾蓬莱 19－3 平台溢油事故，污染面积达 840 平方千米，损失惨重，引起了国内外的广泛关注。

2011 年 3 月 11 日在日本发生的严重地震海啸灾害导致福岛核电站泄漏引起了人们对沿海重大工程的关注和担忧。世界各国对海洋灾害及重大工程的关注日益增加。以我国核电站为例，从 1984 年我国第一座自主研究、设计和建造的核电站——秦山核电站破土动工起，中国已投入运营的核电站共有 13 台机组，但发电量只占全国发电总量的 1%。截止目前，我国大部分在建、筹建核电站位于东部沿海地区。我国目前有 6 座正在运营的核电站，分别是浙江秦山一、二、三期核电站，广东大亚湾核电站，广东岭澳核电站和江苏田湾核电站。今后一段时期，我国将处于核能高速发展的时期，在建核电站 12 个，另有 25 个正在筹建之中，是目前世界上在建、筹建核电站最多的国家。

沿海防灾减灾工作是实现经济社会全面协调可持续发展的重要保障，科技发展对防灾减灾工作具有重要的支撑和引领作用。因此，对沿海重大工程开展防灾减灾研究，通过研究，提出我国沿海重大工程防灾减灾的战略思路、发展重点和相关政策建议，将对沿海地区的可持续发展和国家安全都具有重要的指导意义。然而，与国外相比，我国沿海重大工程的防灾减灾相关的研究还比较薄弱，一方面，对重大工程灾害的形成机理研究不深入，对沿海重大工程的预测预报系统尚未建立；另一方面，自然灾害灾情和风险评估体系需进一步完善，自然灾害防治工程体系建设还不健全，提升沿海重大工程的防灾减灾综合科技能力正日益成为我国海岸带可持续发展的迫切、重大战略需求。

第二章　我国沿海重大工程防灾减灾发展现状

近30年来，我国防灾减灾体系得到了长足的发展，各项防灾减灾工程技术也不断完善，并逐步广泛应用于大量的实际工程，取得了良好的效果。

我国目前已建立起了较为完善、广泛覆盖的气象、海洋、地震、水文、森林火灾和病虫害等地面监测和观测网，建立了气象卫星、海洋卫星、陆地卫星系列（“资源一号”、“资源二号”卫星），广泛应用于资源勘查、防灾减灾、地质灾害监测和科学试验等领域。此外，HJ减灾小卫星系统也已建成。中国高分辨率对地观测系统的第一颗卫星“高分一号”卫星于2013年4月26日12时13分04秒由“长征二号丁”运载火箭成功发射，开启了中国对地观测的新时代，集高空间分辨率、高时间分辨率、高光谱分辨率的对地观测系统，将能够为国土资源部门、农业部门、环境保护部门提供高精度、宽范围的空间观测服务，它的成功发射将在地理测绘、海洋和气候气象观测、水利和林业资源监测、城市和交通精细化管理，疫情评估与公共卫生应急、地球系统科学研究等领域发挥重要作用。

在气象监测预报方面，建成了较先进的由地面气象观测站、太空站、各类天气雷达及气象卫星组成的大气探测系统，建立了气象卫星资料接收处理系统、现代化的气象通信系统和中期数值预报业务系统。全国已形成了由国家、区域、省（市、自治区）、地、县五级分工合理、有机结合、逐级指导的基本气象信息加工分析预测体系。

在地震监测和抗震方面，组建了400多个地震观测台站，进行了数字化改造，由48个国家级数字测震台站组成的国家数字测震台网和由300多个区域数字测震台站组成的20个区域数字测震台网以及若干个流动数字测震台网、数字强震台网构成了中国数字测震系统，建立了大震警报系统和地震前兆观测系统，形成了比较完整的监测预报系统，编制了全国地震烈度区划图和震害预测图，确定了52个城市作为国家重点防震城市，对全国地震烈度6度以上地区的工程建筑，实施综合性震害防御，对城市和大中型工矿企业的新建工程进行了抗震设防，完成了多条铁路干线、主要输油管线、多座骨干电厂和大型炼油厂，一批重点骨干钢铁企业、超大型乙烯工程以及大型水库的抗震加固。

在地质灾害防治方面，加强了对滑坡、泥石流、崩塌以及地面沉降、地面塌陷、地裂等地质灾害的勘查防治工作，采取了包括工程防御体系、生物水保防御体系、管理防护体系，社会管理体系和预测及报警体系在内的综合防御体系，并取得了一定的效果，同时把生态建设与防灾减灾相结合，实施封山育林、退耕还林、退田还湖、退田还草和修建水利工程等一系列措施，极大地防止和减轻了地质灾害的危害和损失。

在海洋监测方面，由验潮站、水位站、海上浮标和数百艘海上气象水温流动监测船组成的监测系统已基本形成。经过多年的建设，我国已初步形成了包括由各类浮标、潜标、卫星、雷达、飞机、船舶和岸基（岛屿）观测站点构成的立体观测系统，海洋观测的范围不断扩大，观测手段不断丰富，观测要素对象不断增加，实现了海洋岸基站观测数据的分钟级实时传输，数据处理能力不断增加。2002年5月和2007年4月我国“海洋一号”（HY-1A、HY-1B）、2011年8月“海洋二号”卫星（HY-2）分别成功发射。目前我国已初步形成了由海洋监测、通信、预报警报、海上救助组成的海洋灾害监测救护系统。

专栏2-4-1　我国海洋卫星简介

“海洋一号”（HY-1）卫星简介

“海洋一号”卫星是我国第一颗海洋水色环境卫星，主要获取我国近海和全球水色、水温变化动态信息及海岸带动态变化信息。为海洋防灾减灾、海洋权益维护、海洋资源开发、海洋环境保护、海洋科学研究以及国防建设等提供支撑服务。

“海洋一号”卫星任务

掌握海洋初级生产力分布、海洋渔业和养殖业资源状况和环境质量等，为海洋生物资源合理开发与利用提供科学依据；

了解重点河口港湾的悬浮泥沙分布规律，为沿岸海洋工程及河口港湾治理提供基础数据；

监测海面油膜、富营养、热污染、海冰冰情、浅海地形等，为海洋环境监测、灾害监测、环境保护、管理执法提供信息；

为研究海洋动力环境、海洋在全球碳循环中的作用及El Niño探测提供大洋水色环境资料。

“海洋二号”HY-2卫星简介

“海洋二号”卫星是我国第一颗海洋动力环境卫星，该卫星集主、被动微波遥感器于一体，具有高精度测轨、定轨能力与全天候、全天时、全球探测能力。其主要使命是监测和调查海洋环境，获得包括海面风场、浪高、海流、海面温度等多种海洋动力环境参数，直接为灾害性海况预警预报提供实测数据，为海洋防灾减灾、海洋权益维护、海洋资源开发、海洋环境保护、海洋科学研究以及国防建设等提供支撑服务。

“海洋二号”卫星工程研制于2007年1月，获得了国防科工委、财政部的联合批复。该卫星由航天科技集团公司中国空间技术研究院研制，于2011年8月16日6时57分在太原卫星发射中心采用CZ-4B运载火箭发射成功。

“海洋二号”卫星任务

监测海洋动力环境，获得包括海面风场、海面高度场、有效波高、海洋重力场、大洋环流和海表温度场等重要海况参数；实现国产行波管放大器在轨寿命飞行验证；完成星地激光通信链路新技术试验验证。

资料来源：

http://www.oceanol.com/topics/20110803/?com=com_special&tid=16&block=8&auto_id=14106

http://www.oceanol.com/topics/20110803/?com=com_special&tid=16&block=8&auto_id=14107

我国建立了南海海啸预警系统、全球海浪和西北太平洋三维温盐流预报系统。预报业务范围不断扩大，预报产品种类不断增加，预报区域不断扩大，预报方法不断创新，开展了针对渔业安全生产、航线预报、滨海旅游、海上搜救和极地大洋科考等海洋专题环境保障服务，形成了系列化综合环境预报产品，预警报信息发布覆盖电视、广播、网络、手机短信等各类公众媒体。

此外，我国形成了一整套行之有效的海洋灾害应急响应机制，圆满完成了2010年初渤黄海30年同期最严重的海冰灾害、智利地震海啸和日本地震海啸等灾害的应急工作。

近年来在城市防灾减灾科技支撑建设方面取得了长足的进步，主要有：① 颁布了多部与城市安全减灾相关的法律、法规和技术标准体系。② 城市抗震、消防、防洪、防台风等单一灾种防灾体系逐步形成。例如，我国《防震减灾法》规定："重大建设工程和可能发生严重次生灾害的建设工程，必须进行地震安全性评价；并根据地震安全性评价的结果，确定抗震设防要求，进行抗震设防。"尤其是，核电站和核设施建设工程，受地震破坏后可能引发放射性污染的严重次生灾害，必须认真进行地震安全性评价，并依法进行严格的抗震设防。③ 新建工程抗灾设防审查和城市基础设施安全监督检查进一步加强，并取得了一定成效，在我国《工程场地地震安全性评价技术规范》中涉及"对可能遭受海啸与湖涌影响的场地，收集历史海啸与湖涌对场地及附近地区的影响"。

我国即将迎来沿海核电站建设的高潮，国内核电装机比例将从目前的1.6%上升到4%左右，相当于至少还要建设24座百万千瓦级核电机组，这些拟建核电站场址大部分位于沿海海岸带区，随自然灾害带来的安全问题不容忽视。这些自然灾害主要为以下几种。

（1）地震影响。近年环太平洋地区地震的频度和强度都在上升，对部分国家造成了重大灾害。由于海岸带大型工程的增多，沿海重大工程的防灾减灾体系尚未建立。例如，大型海上工程在地震作用下的安全性，海域中的大型海上水工建筑物在地震作用下的响应和振动破坏机理，特别是抗震防灾的基本原理和减震技术措施有待深入研究。

（2）海啸灾害。20世纪90年代后期，国家海洋局组织开发了太平洋海啸资料数据库、太平洋海啸传播数值预报模式和越洋局部地震海啸数值预报模式，并在广东大亚湾、浙江秦山、浙江三门、江苏连云港、福建惠安5个核电站的环境评价中得到了应用。此后这方面的研究一直处于停滞状态，直到2004年年底印度尼西亚大海啸之后受到关注。

（3）台风诱发风暴潮、巨浪与天文大潮组合的影响。我国每年出现的台风数目占全球的38%，其中对我国可能造成灾害的台风每年有7~8个。每当台风在我国登陆或接近我国沿海通过时，都会在沿岸局部地区产生风暴潮，形成风暴潮灾害。国家核安全局的有关专家指出，根据我国滨海地区的地震地质背景，海洋水文条件以及以往核电厂选址过程中对地震海啸可能影响的评价结果，反映出在我国滨海核电厂防洪评价中，台风诱发风暴潮、巨浪与天文大潮组合的影响远大于来自地震海啸的影响，我国滨海核电厂的防洪因素主要为台风诱发风暴潮、巨浪，与天文大潮组合的极端海况出现。

上述自然灾害因素都对我国沿海重大工程及环境的安全提出了重大的挑战。

第三章 世界沿海重大工程防灾减灾发展现状与趋势

(一) 世界沿海重大工程防灾减灾发展现状与主要特点

20 世纪 80 年代以来，发达国家开始重视防灾减灾技术的研发，尤其是联合国 1989 年提出 20 世纪 90 年代为“国际减灾 10 年”之后，世界各国积极研发防灾救灾技术，注重应用技术手段提高防灾减灾能力，但各国家之间发展并不平衡，美国、日本等发达国家拥有世界最先进的技术，防灾减灾能力较强。和发达国家相比发展中国家仍有较大差距。

以美国为例，近年来，科技在美国国家防灾减灾体系建设中的含金量日益加大。在气象监测方面，美国利用先进的专业技术和现代信息技术，包括“3S”系统（地理信息系统（GIS）、遥感系统（RS）、全球卫星定位系统（GPS））、极轨卫星、大地同步卫星、多普勒雷达，先进的大气运动分析处理系统以及地面观测系统等，建立了具有世界领先水平的国家天气服务系统（National Weather System），对干旱、洪水、龙卷风等气象灾害进行及时、准确的监测预测。其中，龙卷风形成机理模型，已从简单模型发展为在中等雷暴中的循环（中旋风）模型，对龙卷风的警报正从“探测”向“预测”阶段推进。

在地震监测预报方面，美国已建立了 3 个全国性的地震工程研究中心，建立了多个强震台网，台站、台网在种类和密度、精度等方面有了长足的发展，台网数据处理是全世界现代化程度最高，已实现了全部数字化记录，每年可记录到 3 万个地震事件。在抗震方面，美国吸收了受灾国家的经验教训，积极开发技术和经济上可行的设计和施工方法，采纳了几十项智慧技术，使新建和现有建筑物都能抗震，已经解决了农村住房和城市住房的地震安全问题。

在森林资源调查和监测方面，美国利用“3S”技术对全美的森林资源进行调查和监测，现已经渗透到全球环境变化监测和森林保健（FHM）监测研究领域，能提出环境状态预报。

日本对于将先进的技术手段应用于防灾领域也相当重视。由气象台、自动气象站组成的地面气象网与卫星、雷达、探空仪、气象观测船等组成了日本气象的立体观测系统，日本气象厅还配置了巨型计算机，建立了新的数值预报模式。

日本的地震监测系统极为发达，其海底地震仪观测系统、深井观测系统、孔井式遥测地震监测网、微震遥测观测网、GPS 观测网遍及全国。近年来，日本大量采用高新技术如 GPS（空间定位系统）、VLBI（人造卫星激光测距）、SLR 等科学技术加强地震监测，配置了大量的地震仪、地壳应变仪、倾斜仪等仪器进行高密度的监测预报，建立了能发现和捕捉到 7 级地震前兆现象的 7 级直下型地震预报观测系统。在抗震方面，日本各行业在多种建设设施设备、建筑和建筑材料及附属设备等方面开发了大量的防震减灾技术和方法。对于灾害信息，日本建立了包括应急联络卫星移动电话系统、防灾情报卫星发报系统和部门内卫星在内的灾害信息搜集和传输情报共享系统。

世界其他国家也都具有各自独特的防灾减灾科技。如俄国在重点地震活动区就建有各式各样的地震实验场，把地震预报的探测集中到实验场进行；澳大利亚制定了减少森林易燃物的技术标准，通过定期焚烧林地来控制森林火灾的发生；英国、印度等国采用航天遥感技术来监控水源区域的环境质量；法国、德国等国家应用大规模计算机、空间遥感技术、现代工程技术、数学方法，建立相应的评估模型进行模拟分析与测算，开展灾害评估。

随着防灾减灾活动在全球范围获得广泛认同和推广，防灾减灾科学与工程技术在近年得到长足发展。当前国际上防灾减灾发展呈现如下特点：在自然灾害危险性评估方面，发达国家多从工程角度出发研究各类灾害危险性的评估方法，建立了相应的信息库。在防灾减灾工程技术方面，美国、日本、加拿大、英国、澳大利亚等国走在前面。但这些研究大多只考虑单一灾种，没有同时考虑地震、洪水、火灾等灾害的综合危险性分析和损伤评估。在地震方面，从工程角度出发，主要关心地震动的作用，地震危险性分析，工程结构的抗震、耗能、隔震技术；从灾害角度出发，则涉及震灾要素、成灾机理、成灾条件、地震灾害的类型划分等课题；从灾害对策的角度，则主要研究减灾投入的效益、防震减震规划等。在洪水方面，对洪水成灾的研究、洪水发生时空分布规划、洪水的预测预报、防洪设防标准的研究、洪水造成经济损失的预测、洪水淹没过程的数值模拟、洪水发展的水力学模型、防洪应急的对策研究等均取得了不少成果。城市防火研究也是城市防灾的重要课题，目前国内外的主要发展趋势是：在研究火灾探测和扑救设备的同时，重视对火灾发生、发展和防治的机理和规律的研究，在火场观测和模拟研究两种方式中，更加重视火灾过程的模拟研究以及现代高新技术在火灾防治上的应用等。

2011 年 3 月由地震引发的日本核电站造成 190 人受直接核辐射，20 余万居民紧急撤离，核电站附近地下水、水库和海水面临严重辐射污染，土地污染面积达 800 平方千米，放射性物质飘向全球，放射性污染威胁到水和食品安全，对人们生活造成了严重影响，被认为是“日本（历史上）最大的危机”，核电站事故也造成了世界性恐慌的严重后果。

当前世界上有 441 座核反应堆电站并网发电，核电总装机容量已达 3.75 亿千瓦以上，约占世界发电总量的 13.5%。已有核电站主要分布在工业化国家，拥有核电机组最多的国家依次为：美国 104 个、法国 58 个、日本 54 个（世界核工业联合会公布的数字为 55）、俄罗斯 32 个、韩国 21 个、印度 20 个、英国 19 个、加拿大 18 个、德国 17 个、乌克兰 15 个、中国 13 个。在世界主要工业大国中，法国核电的比例最高，核电占国家总发电量的 78%。日本的核电比例为 40%，德国为 33%，韩国为 30%，美国为 22%。

据国际原子能机构在 2010 年预计：到 2015 年，全球约每 5 天就会开工建设一个装机容量为 100 万千瓦的核电站；而到 2030 年，全球核电站将增加 300 多座。2030 年全球核发电能力有望达到 5.46 亿 ~ 8.03 亿千瓦。正在建设的 65 个核电站中有 31 座分布在亚洲、中欧和东欧地区。此外，现有核电站通过各种措施减少了发电成本并提高了安全性。其中阿根廷、巴西、捷克、德国、印度、韩国、西班牙、俄罗斯、瑞士、乌克兰和美国都增加了各自的核电发电量并达到创纪录的水平。

福岛事故发生后，世界主要核电国家及相关机构给予了高度关注。美国核管会（NRC）先后发布了信息通告、任务纪要、临时检查、缓解策略和“21 世纪提高反应堆安全的建议”等。欧盟要求欧洲核电营运单位进行自我评估，到目前为止，德国、法国和英国等国家都完成了“压力测试”国家报告。

针对地震、火灾和水淹等外部事件对核电站的影响，美国核管会《21世纪提高反应堆安全的建议》建议 NRC 要求执照持有者对每个运行机组抵抗设计基准地震和洪水灾害必要的系统、部件和构筑物再次评估和升级；作为长期审查，建议针对地震引发的火灾和水淹的预防和缓解能力的潜在措施进行评估。法国核安全局在《补充性安全评估最终报告》中认为核电站如要继续运营，有必要在现有安全的基础上尽早加强应对极端情况的能力，以应对类似日本大地震和海啸这样的灾害。英国在《国家总结报告》中建议：英国核行业应该着手对洪水方面的研究进行审查，包括由海啸引起。通过审查，验证英国核电厂的洪水设计基准和冗余，以决定是否有必要在今后的新建机组和已建机组安全审查大纲中增加厂址洪水风险评估内容。同时要求在电站布局、构筑物、系统和部件设计中考虑极端外部事件的影响。

各国核管会推荐了下一步的行动。例如，美国核管会推荐，地震和洪水灾害的再评估；地震和洪水防护情况的现场巡视；全厂断电事故的管理行动；每十年确认一次地震和洪水的灾害；加强预防和缓解地震引起的火灾和洪水的能力；加强其他类型安全壳设计可靠的排放卸压功能；在安全壳内或在其他厂房内的氢气控制和缓解。法国核安全局（ASN）认为在后续运营过程中，需要在合适的时间内提升核安全裕度和多样性，以应对极限工况；设置“核心机制”，包括设施和组织机构，确保在极端工况下能够保证核安全的基本功能。

（二）面向2030年的世界沿海重大工程防灾减灾发展趋势

21世纪，防灾减灾领域的科技发展体现出两大趋向：①自然科学中相关学科的深入与综合；②自然科学与社会科学（法学、经济学、社会学、管理学、心理学等）在交叉领域的开拓与交融。同时，为防灾减灾管理与决策科学化服务的信息监测、处理与分析系统，也成为新技术发展最活跃的领域。

以美国为例，其减灾战略重点体现在，一方面，加强自然灾害评估、减灾技术开发、自然灾害预警和信息系统建设；另一方面，提高公众的防灾减灾意识；减少因灾人员伤亡和经济损失。对重大自然灾害诱发其他灾害的作用进行研究（如对石油和核电设施的破坏带来的次生灾害）。加强改善工程减灾的数据管理。研究和完善实时灾害观测资料、警告信息和完整出处的获取手段。大力改进工程灾害风险评估，包括自然灾害时空特性、多灾害风险组合及减灾措施的成本效益分析。

目前，国际防灾减灾科技发展趋势呈现如下特点。

（1）防灾减灾战略做出重大调整。国际上，正在由减轻灾害转向灾害风险管理，由单一减灾转向综合防灾减灾，由区域减灾转向全球联合减灾，大力提高公众对自然灾害风险的认识。

（2）强化自然灾害的预测预报研究。关注海洋灾害对工程灾害链的形成过程，重视灾害发生的机理和规律研究，加强早期识别、预测预报、风险评估等方面的科技支撑能力建设。

（3）构建灾害监测预警技术体系。利用空间信息技术，建设灾害预测预警系统，实现监测手段现代化、预警方法科学化和信息传输实时化。

（4）加强灾害风险评估技术研究。制定风险评估技术标准和规范，应用计算机、遥感、空间信息等技术，建立灾害损失与灾害风险评估模型，完善综合灾害风险管理系统。

（三）国外经验教训

从20世纪50年代开始至2011年，国外共发生规模较大的核泄露事件82起。核电站事故几乎每年都发生，在较多的年份达到4~5次。从有核国家来看，美国发生的频率较高，但比较严重的事故发生在乌克兰（前苏联）和日本。在已有案例中，主要是由于人为操作失误或设计不当致使核电站发生泄漏事故，完全由自然因素诱发的核泄漏事故所占比重甚微。总的来说，核电站泄漏事故的主要诱因包括：地质灾害导致的破坏、恐怖袭击、低效的管理、不完善的技术（包括核废物的处理、核辐射性等因素）等。美国核能管理委员会20世纪70年代对核电风险概率的分析研究结果显示，核电堆芯熔化的概率为每1 000反应堆年1次。2011年发生的日本核电站泄漏事件再次表明，核电安全问题依然是影响核电发展的最大不确定因素，对全球环境安全造成相当大的威胁。总的来说，由核电站所引发的泄漏事故目前引发人们对核能心理恐慌因素，基本上包括地质灾害导致的核设施破坏与核泄漏、恐怖袭击、低效的管理、技术保障能力（包括核废物的处理、核辐射性等因素）。

专栏2-4-2　日本311地震之前世界核电发展趋势与日本的教训

1. 日本311地震之前世界核电发展趋势

美国在停滞近30年后重启核电大门。奥巴马在2011年政府财政预算报告中，将用于建造核电站的政府贷款数额提高到540亿美元，近期为全美近30年来第一个核电站项目（AP1000技术）提供83亿美元的贷款担保。奥巴马说："虽然美国已经有近30年没有建设过核电站，但是核能仍然是全美最主要的低碳能源。要想在满足日益增长的能源需求的同时，避免气候变化带来的严重后果，美国必须提高核能供应量。"

近3年，美国核管会迎来第三代核电许可证申请高潮，美国已有约20家公司申请建设核电站，总数达26台，其中14台AP1000，已有6台签订了EPC总承包合同。同时，向中国输出AP1000技术，建设全球首个AP1000机组。美国计划并正在开发美洲、亚洲、欧洲、大洋洲、南美洲的近40个国家和地区的核电市场。

法国计划在2015年到2020年间，建造40台新一代（EPR）核电机组，以代替目前的核电厂，并明确宣布不再建设二代核电站。法国正在芬兰建设全球第一个EPR核电站，但项目不断拖延，向中国（台山）出口两台EPR机组，正在建设。

法国也在积极开发国际市场。在阿联酋项目受挫后，萨科齐任命前法国电力公司董事长研究整合法国核电产业，拟重整法国电力公司和阿海珐公司核电业务，强化国际竞争力。法国阿海珐和日本三菱公司为追赶美国西屋公司，联合开发输出功率为110万千瓦的中型压水堆。

日本能源匮乏，加快核电发展是其一直期望的捷径。日本计划到2020年新建8座核电站，到2030年再建6座。日本为赢得海外核电市场，政府牵头，由东芝、日立、三菱、东京电力、关西电力、中部电力等共同成立新公司，通过这种"全日本"合作，争夺海外订单。

俄罗斯计划到2020年建成28座大型核电机组，让核电占总发电量的比例，由目前的16%提高到23%。俄罗斯、乌克兰拟将两国的核能资产整合到一个集团。俄罗斯原子能公司与德国西门子（刚刚退出与法国阿海珐公司的合作）成立核能合资公司，重点发展俄罗斯压水堆（VVER）技术。

韩国计划到2020年，核电装机将再增加1 000万千瓦，2035年核电占总发电量的比例将达60%以上。韩国通过引进技术、促进本地化、技术自主化、先进反应堆开发4个阶段，成功实施了核电出口战略。韩国实行全产业链的模式。2009年12月27日，韩国击败法国、日本、美国等核电国家，成功中标阿联酋核电项目，合同金额近500亿美元。韩国与约旦签署为其建设首座核研究堆的协议，并与土耳其签署了建设核电站的初步协议。

2. 由地震引发的日本311核泄漏的教训

2011年3月11日，日本福岛福岛第一核电站在地震加海啸的双重影响下多个反应堆堆芯丧失冷却，出现了严重的锆水反应，导致发生氢爆，使安全结构破坏。

无视专家警告：

引发这次（福岛核电站）事故的巨大海啸，专家曾指出是有可能发生的，但东京电力公司置之不理。更有消息报道，日本原子能安全基础机构于2010年10日曾向东京电力公司提交报告称：福岛第一核电站2、3号堆在电源全部丧失的情况下，反应堆得不到冷却的状态如果持续3个半小时，反应堆压力容器将会破损。

但东京电力公司收到报告后，未对电源丧失研究对策，而福岛核电站事故的进程正好是上述推测的真实再现。这与事故前指出切尔诺贝利核电站在结构上存在有缺陷，却无视专家警告是一样的。

效率和管理体制：

切尔诺贝利事故是在当时苏联秘密主义和非效率管理体制背景下发生的，隐藏事故信息，引来国民的不信任。福岛第一核电站事故也是如此，政府在信息的公开方面也引来了国内外的不满。民众指责东京电力公司隐瞒了事故的真情，抱怨政府在应对紧急事故时的措施不力。

技术再先进，也有出现失误的可能性。自然因素加上人为操作失误，会使核电站发生事故的概率大大增加。核电站的运行、管理是后期重要的关注对象。

2011年4月，在乌克兰召开了有关核电站安全性的首脑级国际会议。在这次会议上，联合国秘书长潘基文提出：鉴于福岛第一核电站事故的发生，要对核能的安全标准进行彻底的重新评价，要强化地震、海啸等自然灾害以及针对恐怖活动的核设施安全保障等。

总结国外发达国家的防灾减灾的经验，可以归纳为以下几点。

1. 建立综合防灾中心

发达国家把系统工程理论运用到整个防灾减灾建设，并形成了社会系统工程体系，避免了各部门之间单兵作战、各自为政的缺陷。从国外成功经验看，多部门、多领域的合作与协调是有效减灾的法宝，而建立综合防灾中心是协调政府各部门和动员社会力量，开展科学综合减灾和加强重大灾害的紧急救助能力的组织保证。一个统率全局、跨部门、跨地区、跨学科的综合减灾中心的建立，有助于协调统一、信息共享，提高工作效率，可以更好地利用科学技术来为防灾减灾工作服务。

2. 重视灾害基础理论研究

每一次灾害的发生对于人类的防灾减灾而言，都是一次宝贵的知识积累的机会。发达国家和地区对已发生的灾害非常重视，对每一次发生的灾害，都尽可能获取第一手资料，通过共享，进行全面深入的研究，这种研究不仅包括对灾害本身的发生原因等自然科学领域的研究，而且包括对灾害的经验教训等社会科学领域的研究。

3. 加强防灾减灾技术研发与应用

发达国家大都重视利用基础研究成果，积极发展与防灾减灾相关的信息技术和工程技术等。如改进防灾减灾工程设计，研究并改善生命线工程结构特性；利用先进的专业技术和现代信息技术，对可能发生的灾害进行及时、准确的预测，发布警示信息；研究用于监测、试验、通信、搜寻和抢险等的工程系统；加强基础信息数据库的建设；开发灾后环境系统恢复方法；研究用于自然灾害的精确经济分析方法，开发评价减灾措施成本及效益的工具、估计灾后重建费用的方法和有效减灾的决策系统；大力改进灾害风险评估等。为此，发达国家提供了持续、充足的经费投入，为新技术研发和先进技术的应用提供了保证。

4. 组建专业化的灾害救援队伍

美国、日本、俄罗斯都把专业化队伍作为灾害救援的主体和骨干力量，并不断强化救援队伍的业务素质与实战技能。

美国联邦政府及各州、郡、市都设有力量强大的紧急救援专业队伍，是灾害救援的主要力量（图2－4－1）。为适应各类灾害救援的需要，紧急救援队伍被分成12个功能组，每组通常由一个主要机构牵头，负责完成某一方面的任务。各功能组相互配合、相互衔接，共同完成救援工作。美国特别重视救援人员专业技能的培养与训练，仅联邦政府每年就安排8亿美元用于培训直属系统的专业人员和志愿者。专业人员的培训通常达几百个小时，经过严格培训后持证才能上岗，并随技术等的变化，进行再培训和再认证。专业人员还要参加各种演习，提高实战能力。同时，还负责指导基层组织、志愿者组织的救援培训，使其掌握一定的救援技能。

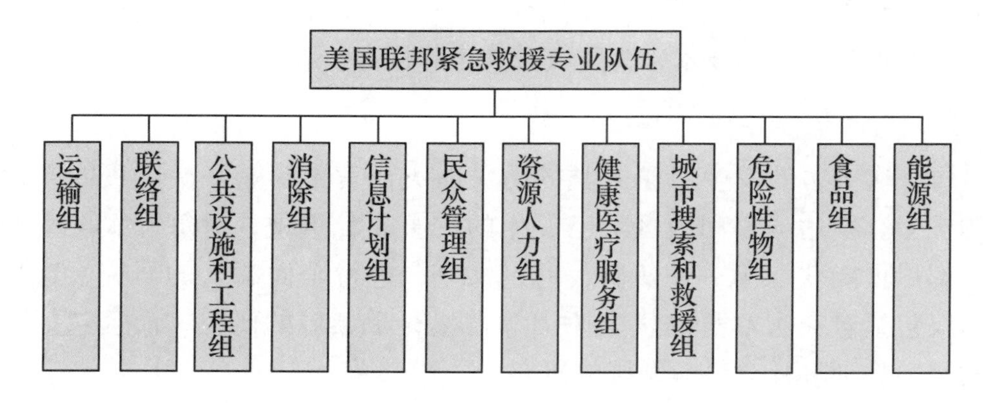

图2－4－1　美国联邦紧急救援专业队伍的力量构成

日本于1987年6月成立了国家专业性的灾害救援队伍，现已从成立初期的400人扩大到2002年的1 540人。其救援人员分别来自日本警察局、日本海岸警备队、火灾管理机构等专业机构，具有非常过硬的救援技能。而且，完全按国际救援队标准建设，主要包括搜索与救援队、专业救助队、医疗队、管理队、联络队、教育队等，救援功能完备，能够适应灾害救助的多种技能要求。

俄罗斯紧急状态部拥有联邦层面的消防队、民防部队、搜救队、水下设施事故救援队和船只事故救援队，以及生化防御、生命保障、扫雷、警卫、医疗救援、警犬等11种专业分队和3个汽车分队，实现了救援力量主体的专职化、专业化和军事化。为提高专业人员素质，俄罗斯建立了领导培训体系、专业救援人员培训和考核体系。俄罗斯紧急状态部还下设了民防学院、国家消防学院、圣彼得堡国立消防大学、伊万诺夫国立消防大学等8所教育机构，培养了大批灾害管理人才和专业骨干。

5. 配备先进的减灾技术装备

美国、日本都十分重视先进科技装备在减灾领域的应用，力求以先进装备为武器，努力提升救援队伍的战斗力。在灾害救援中，美国各涉灾部门运用了比较先进的技术装备。气象卫星和资源卫星的遥感技术早已运用于灾害监测、预警、预报与跟踪；仅美国林业局、消防局就装备了114辆消防坦克、96架巡逻直升机；美国陆军工程兵装备有数百套具有先进计算机数字技术的指挥车辆；美国红十字会在全国装备有320辆食品快餐车，解决灾民临时就餐问题；如救援装备不能满足需要，根据法律还可征用民航、铁路、商船等运输装备抢运救灾物资，必要时还可动用联邦正规部队装备实施抢险救援。日本也一向重视先进减灾科技装备的采用和发展。以灾害救援队为例，其技术装备十分齐备和精良，该队共配备有100余吨的设备和工具，除运输与通信车辆，各类起重、挖掘和装卸工具，生活补给储存设备等常规救援装备外，还配有生命探测仪、船只和小型直升机等特种装备。

第四章　我国沿海重大工程防灾减灾面临的主要问题

（一）管理缺乏综合协调

长期以来，我国的灾害管理体制基本是以单一灾种为主、分部门管理的模式，各涉灾管理部门自成系统，各自为战。由于没有常设的综合管理机构，各灾种之间缺乏统一协调，部门之间缺乏沟通、联动，造成了许多弊端，如缺乏综合系统的法规、技术体系政策与全局的防灾减灾科技发展规划；缺少系统的、连续的防灾减灾思想指导，不利于部门之间协调；缺少综合性的防灾减灾应急处置技术系统；缺少专门为灾害救援的综合型救援专家、技术型队伍；没有形成相对完善的防灾减灾科学技术体系；信息公开和交流渠道不顺畅；资源、信息不能共享；科学决策评估支持系统与财政金融保障制度尚未建立等，直接影响防灾减灾实效。

（二）投入不足，资金渠道单一

全国每年投入到防灾减灾科技研发和应用的经费十分有限，在防灾减灾基础设施建设、科研设备购置、防灾工程建设、防灾减灾基础研究和先进技术推广应用等多方面投入不足。主要是因为我国防灾减灾科研基本依赖于财政拨款，资金来源渠道单一。由于防灾减灾科研具有的社会效益远远大于短期经济效益，很难吸引企业资金和社会资金主动投入，造成防灾减灾科技发展和技术推广滞后。另外，缺少科研成果推广的中间环节与适合防灾减灾工作规律的运行机制，防灾减灾科研成果的转化率低，一些防灾减灾科研成果的推广应用率不足10%，严重影响了全国防灾减灾工作的深入进行，影响了全国防灾减灾工作水平的进一步提高。

（三）科技资源尚待优化配置

我国防灾减灾科技资源主要集中在气象、地震、地质、环保等领域，由于缺乏宏观协调管理以及传统的条块分割现状，一方面各领域主要关注本领域的防灾减灾科技发展，研发工作主要局限于解决本领域存在的技术问题，在不同灾种以及防灾减灾的不同环节中，科技资源没有得到合理配置，科技开发与应用发展很不平衡，在基础地理信息、救灾设备和队伍建设方面低水平重复建设严重。另一方面，仪器、设备、资料、数据等都由部门、单位甚至个人所有，不能实现资源共享共用，资源条件不能系统整合形成高效、共享的社会化服务体系，无法形成合力和整体创新优势。

（四）防灾减灾科技发展缓慢

① 在不同灾种以及防灾减灾的不同环节中，科技发展与应用水平很不平衡；② 各灾种的应急研究和操作水平差别较大，低水平重复研究较多；③ 技术手段和装备落后，监测能力不强，短期预测预报能力还较低；④ 缺乏各类灾害的科学评估模型和方法，灾害信息共享应用和评估的技术急需完善；⑤ 对一些重大灾害的认识与防治技术，长期徘徊不前；⑥ 现有科研结合国情实际不够密切，科技整体支撑能力有待提高等。

（五）防灾减灾高水平科技人才匮乏

我国防灾减灾科技人才主要集中在专业管理部门和科研机构中，基层防灾减灾机构普遍缺少技术应用人才，与我国防灾减灾工作重点结合不密切，特别缺乏防灾减灾领域的高层次、高水平的学术技术带头人和工程技术应用人才。另外，研究经费、待遇等方面条件较差，影响我国防灾减灾科技人才队伍的稳定与发展。

（六）防灾宣传力度不够

缺乏统一的防灾减灾科普规划，没有固定的防灾减灾科普教育基地，也缺乏经常性的防灾减灾科普宣传活动，使防灾减灾科普缺乏系统性、连续性，致使我国社会公众防灾减灾知识、防灾减灾意识的科普教育水平较低，全社会对生态环境保护的意识较差。

2012 年 5 月 24 日，科技部发布了《国家防灾减灾科技发展“十二五”专项规划》明确指出我国防灾减灾科技发展的薄弱环节。

1. 防灾减灾科技基础性工作仍然薄弱

某些重大自然灾害及灾害链的孕灾环境、形成机理和演变规律尚不清楚，综合监测现代化水平、预测预报精度和时效性有待提高，数据和信息共享平台建设有待加强。

2. 综合防灾减灾关键技术研发与推广不够

具有自主知识产权的防灾减灾产品、仪器和装备研发不足，防灾减灾关键技术研究、集成示范与推广应用不够，以企业为主体，政、产、学、研、用相结合的防灾减灾技术创新体系尚未形成。

3. 灾害风险评估体系有待完善

灾害风险评估缺乏科学系统的指标体系，灾害风险调查、评估与相关标准有待完善，对致灾因子的危险性、社会经济系统的脆弱性等方面的研究比较薄弱，尚缺乏适合我国国情的灾害风险评估模型体系。

4. 防灾减灾科技支撑平台建设亟待加强

我国现有的防灾减灾科技基础条件平台依然不能满足综合防灾减灾的需要，防灾减灾科技资源共享和跨部门协作机制不够完善，巨灾风险防范科技支撑能力有待提高。在我国海洋工程减灾领域，尤其是核电重大工程目前存在的问题包括：① 在选址上，我国核电站大都分布在经济发达、人口密集的沿海地区，一旦发生核泄漏，损失极大；② 我国核电厂应急安全设计规范普遍达标，但多数机组欠缺抵御多重极端自然灾害叠加事故的能力；③ 在事故应急处理方面缺乏相关经验，在应急计划、应急设备和应急体系经验比较欠缺；④ 核电技术安全是滨海核电安全的核心，但滨海核电工程的防灾减灾却不仅是核电技术安全问题，而是一个社会系统工程，滨海核电工程的社会防灾减灾体系有待完善；⑤ 滨海核电站防护工程设计标准有待于进一步研究。面对核电站滨海防护工程存在的安全隐患，对“我国滨海核电站防护工程设计标准的风险分析”建议仍需进行深入研究。例如，中国海洋大学刘德辅教授所提出的适用于台风诱发风暴潮、巨浪、大风概率预测的复合极值分布理论（CEVD）及多维复合极值分布理论（MCEVD），曾在1982—2012年短短的30年间，概率预测结果得到了两场美国最严重的飓风灾害（2005 Katrina，2012 Sandy）验证。

第五章　我国沿海重大工程防灾减灾发展的战略定位、目标与重点

（一）战略定位与发展思路

1. 战略定位

沿海重大工程防灾减灾是在沿海地区实现可持续发展中的一个极其重要的问题，我国海陆关联工程数量的日益增加、灾害频率和强度的增大与经济社会的发展不相适应，正成为我国沿海地区的一个基本情况。沿海重大工程防灾减灾通过减少自然灾害的损失，为海陆关联工程等其他工程提供防灾减灾服务，从而实现沿海地区的稳定发展。不同于内陆工程的防灾减灾，它是一种兼具海陆关联工程特点的特定的防灾减灾工程，通过相关工程营运和维护的各个环节来实现。

2. 战略原则

根据我国的国情与管理的基本特点，我们遵循由国务院办公厅2011年11月26日所颁布的国家综合防灾减灾规划（2011—2015年）中所提出的基本原则。

（1）预防为主，防减并重。加强自然灾害监测预警预报、风险调查、工程防御、宣传教育等预防工作，坚持防灾、抗灾和救灾相结合，协同推进灾害管理各个环节的工作。

（2）政府主导，社会参与。坚持各级政府在防灾减灾工作中的主导作用，加强各部门之间的协同配合，积极组织动员社会各界力量参与防灾减灾。

（3）以人为本，科学减灾。关注民生，尊重自然规律，以保护人民群众的生命财产安全为防灾减灾的根本，以保障受灾群众的基本生活为工作重点，全面提高防灾减灾科学、灾害风险科学理论与技术支撑水平，规范有序地开展综合防灾减灾各项工作。

（4）统筹规划，突出重点。从战略高度统筹规划防灾减灾各个方面的工作，着眼长远推进防灾减灾能力建设，优先解决防灾减灾领域的关键问题和突出问题。

3. 发展思路

针对我国沿海区域日益成为城市中心区、人口聚居区和产业聚集区的长期趋势，科学分析评估自然灾害对沿海环境和重大工程安全存在的潜在重大影响，以预防、减轻灾害和事故的不利影响为目标，制定沿海重大工程安全和防灾减灾规划，高标准建设沿海安全和防灾减灾工程，构建沿海重大工程安全和防灾减灾标准体系，为沿海地区经济社会可持续发展提供安全保障。

沿海重大工程防灾减灾工作要坚持“以防为主，防、抗、救相结合的基本方针”，全面开展沿海重大工程的防灾减灾工作；增强对各种灾害事故风险的控制力，完善应对各种灾害问题的机制，尽快扭转灾害问题不断恶化的趋势。逐步减少灾害发生频率、减轻灾害造成的损失，打造一个安全、和谐、可持续的海岸带，对全球灾害问题的治理做出应有的贡献。

（二）战略目标

到2020年，我国将实现全面建设小康社会的战略目标，沿海核电工程和涉油工程等重大工程则为沿海社会经济能源需求不断增长的现实提供物质基础和保障。然而，我国沿海可持续发展中面临着人为和自然灾害等诸多重大工程安全方面的挑战。沿海重大工程防灾减灾是国家防灾减灾发展战略的重要组成部分。重大海洋工程防灾减灾科技发展战略应当明确减灾战略目标，从战略高度重视防灾减灾的研究，根据我国灾情及其发展趋势，结合国情、国力，借鉴国外经验，建立相应的防灾减灾指标体系，设定长期、分步实施的减灾战略目标。

第一步（2013—2020）：遏制灾害问题持续恶化势头，实现局部有所改善。

在沿海发生重大灾害的情况下，努力减轻灾害造成的损失。初步建成重大工程灾害重点防治区，以监测、通信、预报、预警等非工程措施为主与工程措施相结合的防灾减灾体系，应对我国灾害日趋严重的局面。提高重大工程的综合抗灾能力，加强生命性救助工作，为经济、社会与人民生命安全，为沿海持续、稳定的发展提供保障。

第二步（2021—2030）：中国特色的防灾减灾制度走向定型、稳定，综合防灾减灾能力达到发达国家当前水平。

建立与我国经济社会发展相适应的综合防减灾体系，综合运用工程技术及法律、行政、经济、教育等手段提高防灾减灾能力，为2030年实现沿海现代化的海陆关联工程的持续、稳定发展提供服务保障。

第三步（2031—2050）：综合防灾减灾能力达到世界领先水平，并对全球灾害治理做出重要贡献。

加强工程灾害科学研究，提高对各种规律的认识，促进工程技术在防灾减灾体系建设中的应用，为实现安全生产目标、提升国家安全生产整体水平并提供强有力的科技支撑。全面建成沿海重大工程的灾害防治非工程措施与工程措施相结合的综合防灾减灾体系。

（三）战略任务与重点

1. 总体任务

海陆关联工程防减灾的主要任务是：一方面最大限度地减少海洋自然灾害的损失；另一方面又要避免人为因素造成的海洋环境灾害。海陆关联工程中的防灾减灾工程，如防波堤、沿海防护林工程等，在抵御自然灾害、保护沿海经济社会安全方面具有重要作用。但也必须看到，由于规划、设计、施工和管理不当，核电站、石油钻探平台等重大海陆关联工程本身也可能成为潜在的环境致灾因子，造成比单纯自然灾害更为严重的损失。

沿海重大工程防灾减灾与沿海地区发展海陆关联工程的建设和管理密切相关。从中央到沿海地区，亟待重视重大工程的防灾减灾，切实加强有关部门密切协作，研究各种行之有效的防灾减灾对策，切实保障沿海经济社会的安全。

依据综合减灾、防震减灾、防风防潮、监测预警预报、巨灾应急、恢复重建等一系列重大防灾减灾工程的需要，实施重大科研和重大工程项目，建设重点学科和重点科研基地。

2. 重点任务

在沿海重大工程防灾减灾领域，科学分析评估滨海核电站、石油战略储备库、大型油港及附属仓储设施、滨海石化产业区等对沿海环境存在潜在重大影响，从灾害监测、风险评估、数据平台建设和工程建设等方面，构建沿海重大工程防灾减灾体系，为沿海地区经济社会可持续发展提供安全保障。

（1）加强海洋立体观测网络建设。加强完善由近海到远海的海洋环境及灾害观测网络、预报与预警系统、沿岸防灾准备和各类应急处理系统。重点开发风暴潮、灾害性海浪、赤潮以及海啸等近海海洋预警报技术，逐步建立由国家－海区－省－市海洋监测预报机构组成的海洋灾害预警报服务系统。

（2）建立工程灾害风险评估模型体系。研究重大工程的灾害成因、发生机理、传播规律、模拟灾害破坏的过程，建成智能化的防灾、抗灾和减灾决策支持系统。

（3）建设防灾科技数据和信息共享平台。建立海岸和近海工程设施防灾减灾数字信息系统，将海岸和近海工程与网络技术、计算机技术、遥感技术、地理信息系统、全球定位系统相结合，建立数学物理模型，以主要海域和海岸带区域经济发展为背景，进行重点研究，建立数字化的海洋环境信息系统模型与结构。

（4）沿海自然灾害监测体系建设。加强自然灾害监测和预警能力建设，在完善现有气象、水文、地震、地质、海洋、环境等监测站网的基础上，增加监测密度，提升监测水平，构建自然灾害立体监测体系，建立灾害监测—研究—预警预报网络体系。

（5）重大海洋工程致灾机理和规律研究。加强自然灾害孕育、发生、发展、演变、时空分布等规律和致灾机理的研究，为科学预测和预防自然灾害提供理论依据。

（6）提高各类工程技术标准抗震设防，纳入国家和地区经济社会发展规划。强化工程综合减灾工作，提高对台风、风暴潮、地震等灾害的防抗能力，开展若干重大工程减灾示范。进一步提高工程安全改进、污染治理、科技创新、应急保障和监管能力。

第六章　保障措施与政策建议

（一）完善工作机制，建立综合防灾减灾组织体系

完善具有危机管理性质的防灾减灾综合管理机构（国家减灾委员会），负责对全国防灾减灾工作的大政方针做出决策，逐步实现从部门为主的单一灾种管理体制向政府和部门联动、条块结合的综合应急管理体制转变，发挥其综合协调职能。健全地方各级政府防灾减灾综合协调机制。完善部门协同、上下联动、社会参与、分工合作的防灾减灾决策和运行机制，建立健全防灾减灾资金投入、信息共享、征用补偿、社会动员、人才培养、国际合作等机制，完善应急机制，把应急管理与日常监管紧密结合，加强政策引导，建立行业主管部门、核安全监管部门与气象、海洋、地震等部门的自然灾害预警和应急联动机制。完善防灾减灾绩效评估、责任追究制度，形成较为完善的国家综合防灾减灾体制和机制。

加强科技主管部门与涉灾管理部门的协同，形成跨部门、跨地区、跨学科、多层次、分布式的协同管理职能和机制。

成立集合各灾种、各专业及相关管理部门专家的顾问团体；建立防灾减灾决策的专家咨询系统，为政府防灾减灾决策提供智力支撑。

（二）健全法律法规和预案体系，完善防灾减灾科技政策

推进防灾减灾法律法规体系建设，各地区要依据国家法律法规制定或修订防灾减灾的地方性规定。加强各级各类防灾减灾救灾预案的制（修）订工作，完善防灾减灾救灾预案体系，不断提高预案的科学性、可行性和操作性。加强灾害管理、救灾物资、救灾装备、灾害信息产品等政策研究和标准制（修）订工作，提高防灾减灾工作的规范化和标准化水平。

制定科技支撑防灾减灾办法与政策，增加科技投入，在科学研究、技术开发、科技基础设施建设、科技人才培养选拔等方面给予支持；将防灾减灾科普知识纳入国民素质教育体系和工作计划，提高全民防灾减灾意识

和能力，在大、中、小各级学校教育中适当引入防灾减灾课程及读物。

建立高效、合理的防灾减灾科技创新资源配置机制、科技投入机制、成果转化机制、政策激励机制与人才培养机制；加强基础科学和应用科学研究，开展关键技术、共性技术联合攻关；加快科技成果在防灾减灾领域的推广应用。

（三）加大资金投入力度，多渠道增加对防灾减灾的科技投入

完善防灾减灾资金投入机制，拓宽资金投入渠道，将防灾减灾发展所需投入纳入每年科技经费预算，按照一定的使用比例，支持研究开发工作、科技基础设施建设、改善技术装备、参加国际交流等。使防灾减灾科技投入的增长幅度不低于科技经费增长的总体水平。

完善防灾减灾项目建设经费中央和地方分级投入机制，加强防灾减灾资金管理和使用。用给予引导资金的方式，促进地方政府增加防灾减灾科技投入，引导技术开发机构与企业投资防灾减灾技术与产品的研发和产业化。

完善减灾工程安全管理的资金管控模式，对涉及核应急、核保险与核赔偿、民用核设施放射性污染防治、公益性核安全基础设施建设等需要政府和企业共同承担的费用，明确规定资金来源、出资方式、审批流程、资金用途，严格审查资金流向，确保资金筹集和使用到位。

完善自然灾害救助政策，健全救灾补助项目，规范补助标准，建立健全救灾和捐赠款物的管理、使用和监督机制。研究建立财政支持的重特大自然灾害风险分担机制，探索通过金融、保险等多元化机制实现自然灾害的经济补偿与损失转移分担。

建立社会防灾减灾基金，吸收企业、社会团体、公民及海外人士对防灾减灾的捐赠，按比例将部分基金用于科技投入。

（四）培育安全文化，促进防灾减灾科技资源共享平台的建设

建立核安全文化评价体系，开展核安全文化评价活动；强化核能与核技术利用相关企事业单位的安全主体责任；大力培育核安全文化，提高全员责任意识，使各部门和单位的决策层、管理层、执行层都能将确保核安全作为自觉的行动。所有核活动相关单位要建立并有效实施质量保证体系，按照核安全重要性对物项、服务或工艺进行分级管理，使所有影响质量和

安全的活动得到有效控制。

借助全国科技基础条件平台的建设，通过制定统一的标准和规范，整合全国各灾害管理部门的分类灾害信息资源，全天候运转监测网；以网络技术为纽带，积极推广应用地理信息系统（GIS）、遥控系统（RS）、全球卫星定位系统（GPS）技术，建设覆盖至全国各乡村的主要灾害实时监测预警系统；充分应用数字化技术及网络技术，综合集成防灾减灾各单位上报的灾情信息，构建包括灾害应急响应、灾害信息分析、灾害救援决策、救援信息反馈等在内的防灾减灾技术及信息资源平台。

（五）加快人才培养，加强防灾减灾科技能力与科技队伍建设

加大人才培养力度，搭建由政府、高校、社会培训机构及用人单位共同参与的人才教育和培训体系，加强培训基础条件建设，实现人才培养集约化、规模化。在工程减灾相关专业领域开展工程教育专业认证工作，加强高校核安全相关专业建设，进一步密切高校与行业、企业的联系，加快急需专业人才培养。完善注册安全工程师制度，加强安全关键岗位人员继续教育和培训工作。完善安全监督和审评人员资格管理制度和培训体系。

通过科研体制改革和现代院所制度建设，实行课题制、首席专家负责制和科研经费预算管理，加强防灾减灾科技管理制度建设；鼓励科研与地方防灾减灾需要紧密结合，开展自然灾害综合研究和治理；鼓励科研机构与企业联合研发防灾减灾技术和装备，实现产业化；与管理部门合作，尝试推广先进的防灾减灾技术和管理方法，探索区域防灾减灾综合管理模式；参与重点防灾减灾工程建设、基础设施建设和试验示范区建设。

在培养选拔高层次人才的基础上，大力培训一线防灾减灾技术人员及管理人员，改善基层技术人员的工作生活条件；通过科研项目、激励措施、分配制度、考核选拔，吸引和稳定人才队伍，培育有竞争力的研究群体，加强创新团队建设；培养防灾减灾后备人才，逐步在我国高校中开办防灾减灾专业教育。

（六）深化公众参与，加强国内外防灾减灾科技交流与合作

构建公开透明的信息交流平台，增加行业透明度。建立核设施信息公开制度，明确政府部门和营运单位信息发布的范围、责任和程序。提高公众在核设施选址、建造、运行和退役等过程中的参与程度。建立长效的核

安全教育宣传机制，满足公众对核安全相关信息的需求，增强公众对核能与核技术利用安全的了解和信心。完善核安全突发事件公共关系应对体系，及时发布相关信息，释疑解惑，消除不实信息的误导，维护社会稳定。

鼓励防灾减灾科研机构、管理部门开展国内外交流合作，获得先进的应用技术及管理经验，追踪最新技术。在跨国、跨区域防灾减灾工程建设中，政府应积极协调，为项目实施提供帮助和保障。

密切跟踪国际工程防灾减灾发展趋势，汲取国外先进的核和涉油工程的安全管理和监督经验，推动防灾减灾领域信息管理、宣传教育、专业培训、科技研发等方面的国际合作与交流，建立和完善与国际和区域防灾减灾机构、有关国家政府和非政府组织在防灾减灾领域的合作与交流机制，广泛宣传我国防灾减灾的成就和经验，积极借鉴国际先进的防灾减灾理念和做法，引进国外先进的防灾减灾技术。优化核安全国际合作体系，实现国际国内工作的协调统一，进一步加强和深化核安全领域与国际组织的交流与合作。

第七章　沿海重大工程防灾减灾专项建议

为实现战略目标，实施重大工程专项应倾向于产业发展、产业体系、平台建设、科技研发和科技突破等。

（一）必要性分析

未来 20 年我国沿海地区经济发展和人口聚集的趋势仍将延续，沿海自然灾害和人为事故对经济社会发展造成重大损失的风险越来越大。近年来，沿海重大工程的自然灾害和人为事故表现出点多面广的特点。目前沿海防灾能力总体上仍比较低，而沿海重大工程建设正处在全面建设的高潮期，总体防灾形势十分严峻。特别是随着沿海涉核、涉油大型工程设施相继建设和投入使用，其防灾减灾任务艰巨，现有防灾减灾体系面临重大考验。由于灾害的多发趋势和不确定性，如果不对沿海重大工程防灾减灾进行系统研究，科学判断未来发展趋势，就无法有针对性地采取措施，做到防患于未然，甚至在重大灾害和事故发生时造成无可挽回的损失。急需开展若干重大科技专项，研究核电等沿海重大工程防灾减灾与安全控制技术，通过专项技术攻关，研究沿海核电工程在海洋等多种自然灾害作用下的灾变机理，开发综合防灾减灾技术系统与装备等方面的核心技术，建立灾变安全监测预警与应急管理平台，从而对核电等沿海重大工程的防灾减灾和安全管理提供强有力的技术支撑。

（二）重点内容与关键技术

1. 重大工程事故基础理论

以重大工程事故演化基础理论研究为突破口，围绕工程典型重大事故致灾机理、演化过程和预防控制，揭示灾害事故发生发展规律。以核电工程为例，重点开展核反应堆事故机理研究，核电设施对自然灾害响应规律研究，加强对台风、地震、风暴潮等自然灾害监测预警研究，针对我国沿海工程所面临的地震地质灾害、气象海洋灾害等主要自然灾害种类，研究各种自然灾害对基础设施的危害方式、程度和范围，研究自然灾害及灾害链过程的形成机理及其在全球气候变化背景下的发生发展趋势，为自然灾害的预测预报、监测预警和风险防范提供科学依据；融合社会学、安全经济学、安全管理学、安全行为学、安全文化等理论，分析核工程安全生产长效机制的要素、内容以及与社会经济可持续发展的关系，建立安全生产长效机制理论体系。

2. 重大工程灾害事故防治关键技术

开展系统、可靠的风险评估、风险和决策分析的新方法研究。进行定量化的风险评估方法研究。重点开展重大灾害风险辨识与防治关键技术与装备，典型事故发生机理、动力学演化过程研究，重大工业事故防控和救援技术与装备，事故避灾操控指挥系统智能化等一批提升我国重点行业领域安全生产保障能力关键技术与装备研究。

3. 安全避险、应急救援关键技术与装备

以安全避险系统、应急救援关键技术与装备、应急通信信息可视化管理系统为重点，深化危险区域避险系统研究，灾区侦检探测可视化、智能化快速决策系统研究和应急救援模拟仿真与演练系统研究等。建立基于现代化、信息化、可视化和智能化技术的工程建设安全风险管理信息系统，加强工程安全风险管理理论以及重大事故预测预报和防治技术研究。加强大型机动救援技术装备、轻型集成灾害防治和应急救援装备、灾区探测救援机器人、飞行侦测技术装备、危险化学品快速堵漏设备、移动应急指挥救援集成装备等研究，开发一批先进适用的重大应急救援技术与装备。

4. 职业危害防治关键技术

针对毒物、高温、高气压、辐射等典型职业危害理化特性，以防火、防毒为重点，研究开发作业场所集成高效在线全过程监测监控系统、便携灵敏快速直读的职业危害监测仪器设备、内部作业机器人。开展典型职业危害控制和治理技术与装备研究、个人劳动防护用品和器具研发。

5. 重大工程共性关键技术标准体系

加强行业领域安全技术标准建设，提高海陆关联工程的灾害防治标准。在重大科技项目研究中突出安全生产技术标准编制工作，跟踪国际前沿标准，注重与国际先进安全生产技术标准接轨，做到合理规划、统筹部署、精心组织、认真编制。通过组织、规划和引导，协调和调动社会力量积极参与安全生产技术标准研究。

（三）预期目标

（1）产生一批防灾减灾重大科技研究成果。在沿海重大工程防灾减灾学科领域产生一批具有国际领先水平的基础理论与应用科学研究成果；在防灾减灾专用设备、实用技术的研发中产生一批填补国内空白的创新成果。

（2）推进防灾减灾领域的国家战略性新兴产业发展。紧密围绕经济社会发展的重大需求发展防灾减灾产业，在防灾减灾新材料、新产品和新装备研发，在救灾应急装备、技术手段、通信和应急广播设施等领域形成新兴产业。

（3）建设重大工程的防灾减灾信息基础设施。与国家科技重大专项结合，研发灾害监测预警、风险评估、应急处置等技术，以建立自主创新、安全可靠、长期连续稳定运行的防灾减灾基础设施，建立和完善国家综合防灾减灾空间信息基础设施。

（4）完善工程减灾科技平台。以监测网络应用服务体系为核心，加强应用卫星系统、地面与应用天地一体化等科技支撑平台系统的建设，发挥遥感、卫星导航与通信广播等技术在重特大自然灾害应对过程中的重要作用。

（5）加强防灾减灾科学交流与技术合作。引进和吸收国际先进的防灾减灾技术，推动防灾减灾领域国家重点实验室、工程技术研究中心以及亚洲区域巨灾研究中心等建设。

（6）形成我国特色的防灾减灾文化。加强防灾减灾文化建设，增强政府和公众防灾减灾意识，健全灾害社会动员与社会参与机制。

主要参考文献

常向东，周本刚．2011．我国沿海核电厂地震海啸影响分析[J]．核安全，(4)：45－49.

陈谦长．1999．美国的减灾战略及其科技目标[J]．全球科技经济瞭望，(4)：23－24.

储建国，丁坚，张鹰．1996．试论沿海灾害及减灾的技术对策[J]．海洋技术，(1).

戴胜利，邓明然．2010．我国与发达国家灾害管理系统比较研究[J]．学术界，(2)：213－219.

董江爱，郭正阳．2011．防灾减灾型社区建设的国际经验[J]．理论探索，(4)：121－123.

顾建华，高孟潭，郝记川．1999．日本防灾减灾与社会可持续发展[J]．国际地震动态，(3)：8－12.

顾林生．2003．从防灾减灾走向危机管理的日本[J]．城市与减灾，(4)：8－11.

郭彩玲，王晓峰．2007．中国东部海域发生海啸的可能性分析[J]．自然灾害学报，16(1)：7－11.

郭跃．2005．澳大利亚灾害管理的特征及其启示[J]．重庆师范大学学报(自然科学版)，22(4)：53－57.

黄建中，周钜乾．2006．国内外防灾减灾科技应用的思考[J]．华南地震，26(4)：92－98.

李起彤．2001．我国海洋工程场地安全性评价的回顾与展望[J]．国际地震动态，(5)：22－26.

李小军．2006．海域工程场地地震安全性评价的特殊问题[J]．震灾防御技术，1(2)：97－104.

林家彬．2002．日本防灾减灾体系考察报告[J]．城市发展研究，(3)：36－41.

吕超．2009．国外减灾综合能力建设的具体实践与经验借鉴[J]．经济师，(5)：26－27.

秦锐，刘艳．2011．日本防灾减灾法律对策体制对我国的启示[J]．法律适用，(6)：115－117.

沈祖炎，翟永梅，韩新．2002．国内外大城市防灾减灾管理模式的比较研究[J]．灾害学，(1)：63－70.

孙绍骋．1997．中国的灾害管理体制与城市综合防灾减灾[J]．城市问题，(6)：47－50.

陶鹏，童星．2011．国外防灾减灾新经验与启示[J]．中国应急管理，12：13－18.

汪胜国．2011．日本对福岛核电站事故的反思——写在切尔诺贝利事故25周年之际[J]．国外核动力，(2)：1－2.

温瑞智，任叶飞，李小军，等．2011．我国地震海啸危险性概率分析方法[J]．华南地震，31(4)：1－13.

吴佳尔．2009．美国的自然灾害和防灾减灾(英文)[J]．四川理工学院学报(自然科学版)，(5)：4－7.

杨军.2008. 防灾减灾工程分类及其对策[J]. 灾害学,(2):123-126.
游志斌.2008. 俄罗斯的防救灾体系[J]. 中国公共安全,(3):163-167.
张敏.2000. 国外城市防灾减灾及我们的思考[J]. 规划师,(2):101-104.
张清浦,石丽红,栗斌.2007. 防灾减灾系统灾情信息集成技术研究[J]. 地理信息世界,(1):47-51.
张维平.2006. 美国、加拿大、意大利应急管理现状和对中国的启示[J]. 中国公共安全,11A:143-149.
郑功成.2011. 国家综合防灾减灾的战略选择与基本思路[J]. 华中师范大学学报(人文社会科学版),(5):1-8.
钟小庆,陈镜亮,张小霖.2011. 日本大地震给海洋防灾减灾工作的警示[J]. 海洋开发与管理,(6):76-78.
祝明.2008. 挪威瑞典的灾害管理体制[J]. 中国减灾,(1):38-39.

主要执笔人

袁业立　国家海洋局第一海洋研究所 中国工程院院士
施　平　中国科学院南海海洋研究所 研究员
郭佩芳　中国海洋大学 教授
刘德辅　中国海洋大学 教授
王　斌　国家海洋局北海分局副局长、研究员
侯西勇　中国科学院烟台海岸带研究所 研究员
于良巨　中国科学院烟台海岸带研究所 助理研究员